U0658133

管理体系标准培训丛书

职业健康安全管理体系标准的理解和实施

中国检验认证集团陕西有限公司 编著

策划 党继祥

编者 肖荣里 吕 强 武兴勤

西北工业大学出版社

【内容简介】 本丛书共有 4 个分册,分别是《质量管理体系标准的理解和实施》《环境管理体系标准的理解和实施》《职业健康安全管理体系标准的理解和实施》以及《管理体系内审员教程》。本丛书分别介绍了《质量管理体系 要求》(GB/T 19001—2016)、《环境管理体系 要求及使用指南》(GB/T 24001—2016)、《职业健康安全管理体系 要求》(GB/T 28001—2011)及《管理体系审核指南》(GB/T 19011—2013)产生的背景以及如何正确理解和实施。

本书对《职业健康安全管理体系 要求》进行了较为详尽的阐述,对每条要求的相关术语和词语、标准的理解及审核要求进行了讲解,并有相关举例。

本书不仅可作为管理体系内部审核员培训教材,也可供企业管理者,管理体系咨询人员、审核员以及有关院校师生参考。

图书在版编目(CIP)数据

职业健康安全管理体系标准的理解和实施/中国检验认证集团陕西有限公司编著. —西安:西北工业大学出版社,2017.4(2018.7 重印)
(管理体系标准培训丛书)
ISBN 978 - 7 - 5612 - 5318 - 2

Ⅰ. ①职…　Ⅱ. ①中…　Ⅲ. ①劳动保护—安全管理体系—中国 ②劳动卫生–安全管理体系–中国　Ⅳ. ①X92 ②R13

中国版本图书馆 CIP 数据核字(2017)第 078539 号

策划编辑:张　晖
责任编辑:高　原

出版发行:西北工业大学出版社
通信地址:西安市友谊西路 127 号　　邮编:710072
电　　话:(029)88493844　88491757
网　　址:www.nwpup.com
印 刷 者:北京虎彩文化传播有限公司
开　　本:787 mm×1 092 mm　　　　1/16
印　　张:6.25
字　　数:145 千字
版　　次:2017 年 4 月第 1 版　　2018 年 7 月第 2 次印刷
定　　价:20.00 元

前　言

　　《职业健康安全管理体系　要求》(GB/T 28001—2011)于 2011 年 12 月 30 日发布,并于 2012 年 2 月 1 日开始实施。

　　2011 版 GB/T 28001 的颁布,引起了国内职业健康安全管理部门、企业界、认证机构、培训机构的密切关注。与 2001 版标准相比较,2011 版标准在结构和内容上都有了显著的变化:更加强调"健康"的重要性;对策划—实施—检查—改进(PDCA)模式,仅在引言部分做全面介绍,在各主要条款的开头不再介绍;术语和定义部分做了较大调整和变动;为与质量、环境管理体系标准更加兼容,标准技术内容做了较大改进;针对职业健康安全策划部分的控制措施的层级,提出了新要求;更加明确强调变更管理;增加了"合规性评价";对参与和协商提出了新要求;对事件调查提出了新要求等。

　　中国质量认证中心西北评审中心于 2006 年 12 月编写了管理体系标准培训丛书,其中包括《ISO 9001 质量管理体系标准的理解和实施》《ISO 14001 环境管理体系标准的理解和实施》《GB/T 28001 职业健康安全管理体系标准的理解和实施》以及《ISO 22000 食品安全管理体系标准的理解和实施》。该丛书出版以来,受到企业界的热烈欢迎,已先后在多期管理体系培训班中使用,效果良好。随着国家标准的更新,我们组织专家编写了《质量管理体系标准的理解和实施》《环境管理体系标准的理解和实施》《职业健康安全管理体系标准的理解和实施》及《管理体系内审员教程》,以帮助企业更有效地理解和贯彻国家新标准。

　　本书遵循理论和实践相结合的原则,在讲究系统性、规范性的同时,尤其注重可操作性和实用性,既具有一定的理论深度,又有相当的实用价值。

　　本书可作为管理体系内部审核员培训教材,也可作为企业管理者、管理体系咨询人员、审核员以及有关院校师生参考使用。

　　在编写过程中,参阅了相关资料,也得到雷芃、周淑丽、薛永红等有关人员的支持与合作,在此,谨向各位深表谢意。

　　笔者衷心希望本书能够为广大读者提供更多的帮助,进一步得到读者的肯定和欢迎。

　　由于水平所限,书中不足之处,恳请广大读者批评指正。

编著者

2016 年 12 月

目　　录

第一章　职业健康安全标准简介 ·· 1

第二章　职业健康安全管理体系　要求 ··· 4

　　第一节　概述 ··· 4

　　第二节　职业健康安全管理体系标准要求 ····································· 6

第三章　危险源辨识、风险评价和风险控制的确定 ····························· 46

　　第一节　危险源产生的本质 ··· 46

　　第二节　危险源分类 ·· 47

　　第三节　危险源的辨识 ··· 53

　　第四节　风险评价 ··· 55

　　第五节　控制措施的确定 ··· 57

第四章　职业健康安全法律法规 ··· 59

　　第一节　中国职业健康安全法律法规体系 ····································· 59

　　第二节　主要职业健康安全法律法规及相关要求 ··························· 61

附　录 ·· 79

　　附录一　职业健康安全管理体系　要求 ······································· 79

　　附录二　职业健康安全管理体系知识练习 ····································· 91

第一章 职业健康安全标准简介

职业健康安全管理一直是企业全面管理的一个组成部分。一个产品,在生产过程中会向外部环境排放各种污染物,造成环境污染,也会带来职业安全和健康危害,因此职业健康安全管理与质量管理、环境管理、过程管理之间存在紧密的联系。有数据表明,工厂伤害、职业病和意外事故所造成的损失,占企业利润的 5%~10%。发达国家职业健康安全方面的法规法令日趋严格,日益强调对人员安全的保护,有关的配套措施相继出台,各相关方对工作场所及工作条件的要求也在提高。对企业而言,职业健康安全是应尽的社会道义和法律责任。各类企业组织日益关心如何控制作业活动、产品和服务对员工所造成的各种危害风险,并考虑将职业健康安全管理纳入日常管理活动中。

1. 职业健康安全管理体系标准的产生和发展

(1)1996 年,英国颁布了 BS 8800《职业健康安全管理体系指南》。

(2)1996 年,美国工业卫生协会制定了《职业健康安全管理体系》。

(3)1997 年,澳大利亚和新西兰制定了《职业健康安全管理体系原则、体系和支持技术通用指南》草案,日本工业安全卫生协会(JISHA)制定了《职业健康安全管理体系导则》,挪威船级社(DNV)制定了《职业健康安全管理体系认证标准》。

(4)1999 年,英国标准协会(BSI)、挪威船级社等 13 个组织制定了职业健康安全评价系列(OHSAS)标准,即 OHSAS 18001《职业健康安全管理体系 规范》、OHSAS 18002《职业健康安全管理体系 实施指南》,此标准并非国际标准化组织(ISO)制定的,因此不能写成"ISO 18001"。

(5)1999 年 10 月,原国家经贸委颁布了《职业健康安全管理体系试行标准》。

(6)2001 年 11 月 12 日,国家质量监督检验检疫总局正式颁布了《职业健康安全管理体系规范》(GB/T 28001—2001),2002 年 1 月 1 日起实施,属推荐性国家标准,该标准与OHSAS 18001 内容基本一致。

(7)2007 年 7 月 1 日,OHSAS 18001:2007《职业健康安全管理体系 要求》及 OHSAS 18002:2007《职业健康安全管理体系 实施指南》两个标准正式发布。新标准更加注重健康的管理,提高了与 ISO 9001 和 ISO 14001 标准的兼容性。

(8)2011 年 12 月,国家质量监督检验检疫总局和国家标准化管理委员会发布了 GB/T 28001—2011《职业健康安全管理体系 要求》及 GB/T 28002—2011《职业健康安全管理体系 实施指南》两个国家标准,并于 2012 年 2 月 1 日正式实施。

2. 中国职业健康安全状况

改革开放以来,我国国民经济一直保持着高速增长,但作为社会发展重要标志之一的职业健康安全状况却远远滞后于经济建设的步伐。重大恶性工伤事故时有发生,职业病人数居高不下,安全生产成为困扰我国经济发展的难题。

工伤事故,尤其是重特大事故的频频发生不仅给人民生命财产造成重大损失,而且影响社会稳定和改革开放的形象。安全生产形势的严峻性还表现在,事故隐患大量存在,尚未得到认真整改。

我国职业危害状况也令人十分担忧。据不完全统计,全国有 50 多万个厂矿存在不同程度的职业危害,实际接触粉尘、毒物和噪声等职业危害的职工有 2 500 万人以上。

在我国,以采矿、粗加工和手工劳动为主的中小企业,往往技术落后、作业环境较差、管理水平低,因此工伤事故与职业危害风险很大。中小企业的职业健康安全已成为我国经济社会发展中的一个问题。

工伤事故和职业危害不但威胁千百万劳动者的生命和健康,也给千千万万个家庭带来了无法挽回的灾难和难以治愈的精神创伤,同时还给国民经济造成巨大损失。每年工伤事故造成的直接损失数十亿元,职业病造成的损失近百亿元。据粗略估算,近几年,我国每年因此损失近 800 亿元。

党中央、国务院历来重视安全生产和职业病防治,新中国成立以来,颁布了近百个有关的法律法规及其检测、诊断标准,2000 年以来又先后做出了三项重大决策。一是成立国家煤矿安全监察局,专司煤矿安全监察执法。二是成立了国家安全生产监督管理局,综合管理全国安全生产工作,履行监督管理职能。三是成立了国务院安全生产委员会,作为国务院议事协调机构,负责协调安全生产监督管理中的重大问题。国家安全生产监督管理实行分级管理,各级地方政府明确专门机构,具体承担安全生产监督管理综合协调职能;国家煤矿安全监察实行全国垂直管理,统一领导,独立行使煤矿安全监察行政职能。

职业健康安全管理体系的建立和实施,为我国广大企业改善安全生产状况提供了一个科学、有效的手段,越来越引起各级政府和企业领导者的高度重视。我国的安全生产形势对职业健康安全工作提出紧迫而严格的要求,改善我国职业健康安全状况,大力推行职业健康安全管理体系,从源头识别和控制事故隐患,改善劳动条件,已成为职业健康安全工作者刻不容缓的任务,也是中国企业走向国际舞台的必然选择。

3.职业健康安全管理体系的作用和意义

(1)实施职业健康安全管理体系为企业提高职业健康安全绩效提供了一个科学、有效的管理手段。

(2)实施职业健康安全管理体系有助于推动职业健康安全法规和制度的贯彻执行。

(3)实施职业健康安全管理体系会使组织的职业健康安全管理由被动强制性行为转变为主动自愿性行为,提高职业健康安全管理水平。

(4)实施职业健康安全管理体系有助于消除贸易壁垒。

(5)实施职业健康安全管理体系使企业产生直接和间接的经济效益。

(6)实施职业健康安全管理体系可以树立企业良好的形象。

4.GB/T 28000《职业健康安全管理体系》系列国家标准体系结构

(1)《职业健康安全管理体系　要求》(GB/T 28001—2011)。

(2)《职业健康安全管理体系　实施指南》(GB/T 28002—2011)。

(3)GB/T 28000 系列标准的制定是为了满足用户对可用于职业健康安全管理体系评价

和认证的标准及其实施指南的需求。为满足组织整合质量、环境和职业健康安全管理体系的需求,GB/T 28001—2011 考虑了与 GB/T 19001—2008《质量管理体系　要求》、GB/T 24001—2004《环境管理体系　要求及使用指南》标准间的兼容性。

5.GB/T 28001—2011 相对 GB/T 28001—2001 的主要变化

GB/T 28001—2011 于 2011 年 12 月正式发布,2012 年 2 月正式实施。该标准在 GB/T 28001—2001 的基础上修订而成。GB/T 28001—2011 的前言部分,描述了 GB/T 28001—2011 相对 GB/T 28001—2001 的主要变化:

(1)更加强调了"健康"的重要性。

(2)对 PDCA(策划—实施—检查—改进)模式,仅在引言部分做全面介绍,在各主要条款的开头不再予以介绍。

(3)术语和定义部分做了较大调整和变动,包括以下几方面:

1)新增 9 个术语。它们分别为"可接受风险""纠正措施""文件""健康损害""职业健康安全方针""工作场所""预防措施""程序""记录"。

2)修改 13 个术语的定义。它们分别为"审核""持续改进""危险源""事件""相关方""不符合""职业健康安全""职业健康安全管理体系""职业健康安全目标""职业健康安全绩效""组织""风险""风险评价"。

3)原有术语"可容许风险"已被"可接受风险"所取代(见 3.1)。

4)原有术语"事故"被合并到术语"事件"中(见 3.9)。

5)术语"危险源"的定义不再涉及"财产损失"和"工作环境破坏"(见 3.6)。

注:考虑到这样的损失和破坏并不直接与职业健康安全管理相关,它们应包括在资产管理的范畴内。作为替代的一种方式,此方面对职业健康安全有影响的损失和破坏,其风险可以通过组织风险评价过程得到识别,并通过适当的风险控制措施得到控制。

(4)为与 GB/T 19001—2008、GB/T 24001—2004 更加兼容,标准技术内容做了较大改进,例如,为与 GB/T 24001—2004 相兼容,本标准将原标准 4.3.3 和 4.3.4 合并。

(5)针对职业健康安全策划部分的控制措施的层级,提出了新要求(见 4.3.1)。

(6)更加明确强调变更管理(见 4.3.1 和 4.4.6)。

(7)增加了 4.5.2"合规性评价"。

(8)对于参与和协商提出了新要求(见 4.4.3.2)。

(9)对于事件调查提出了新要求(见 4.5.3.1)。

第二章 职业健康安全管理体系 要求

第一节 概 述

当前,由于有关法律更趋严格,促进良好职业健康安全实践的经济政策和更多其他措施出台,相关方越来越关注职业健康安全问题,各类组织越来越重视依照其职业健康安全方针和目标来控制职业健康安全风险,以实现并证实其良好职业健康安全绩效。

虽然许多组织为评价其职业健康安全绩效而推行职业健康安全"评审"或"审核",但仅靠"评审"或"审核"本身可能仍不足以为组织提供保证,使之确信其职业健康安全绩效不仅现在满足,并将持续满足法律法规和方针要求。要使"评审"或"审核"行之有效,则须在整合于组织中的结构化管理体系内予以实施。

本标准旨在为组织规定有效的职业健康安全管理体系所应具备的要素。这些要素可与其他管理要求相结合,并帮助组织实现其职业健康安全与经济目标。与其他标准一样,本标准无意被用于制造非关税贸易壁垒,或增加或改变组织的法律义务。

GB/T 28001 规定了职业健康安全管理体系的要求,旨在使组织在制定和实施其方针和目标时能够考虑到法律法规要求和职业健康安全风险信息。该标准适用于任何类型和规模的组织,并与不同的地理、文化和社会条件相适应。图 2.1 所示为该标准所用的方法基础。体系的成功依赖于组织各层次和职能的承诺,特别是最高管理者的承诺。这种体系使组织能够制定其职业健康安全方针,建立实现方针承诺的目标和过程,为改进体系绩效并证实其符合GB/T 28001 要求而采取必要的措施。GB/T 28001 的总目的在于支持和促进与社会经济需求相协调的良好职业健康安全实践。需注意的是,许多要求可同时或重复涉及。

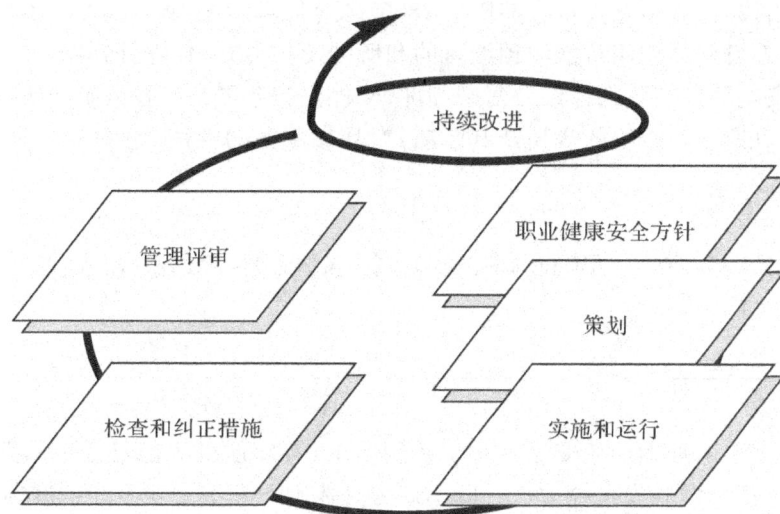

图 2.1　职业健康安全管理体系运行模式

注:本标准基于被称为"策划—实施—检查—改进(PDCA)"的方法论。关于 PDCA 的含义,简要说明如下:

(1)策划:建立所需的目标和过程,以实现组织职业健康安全方针所期望的结果。

(2)实施:对过程予以实施。

(3)检查:依据职业健康安全方针、目标、法律法规和其他要求,对过程进行监视和测量,并报告结果。

(4)改进:采取措施以持续改进职业健康安全绩效。

　　许多组织通过由过程组成的体系以及过程之间的相互作用对运行进行管理,这种方式称为"过程方法"。

　　GB/T 19001 倡导使用过程方法。由于 PDCA 可用于所有过程,因此,这两种方法可以看作是兼容的。

　　GB/T 28001—2011 着重通过以下途径来改进标准。

　　(1)改善对 GB/T 24001 和 GB/T 19001 的兼容性;

　　(2)寻求机会对其他职业健康安全管理体系标准如 ILO—OSH:2001 兼容;

　　(3)反映职业健康安全实践的发展;

　　(4)基于应用经验对前版标准所述要求进一步澄清。

　　GB/T 28001 规定了组织的职业健康安全管理体系要求,并可用于组织职业健康安全管理体系的认证、注册和(或)自我声明;职业健康安全管理涉及多方面内容,其中有些还具有战略与竞争意义。通过证实 GB/T 28001 已得到成功实施,组织可使相关方确信其已建立了适宜的职业健康安全管理体系。

　　GB/T 28001 包含了可进行客观审核的要求,但并未超越职业健康安全方针中关于遵守适用法律法规要求、组织应遵守的其他要求、防止伤害和健康损害和持续改进的承诺而提出绝对的职业健康安全绩效要求。因此,运行相似的两个组织,尽管其职业健康安全绩效不同,但可能都符合本标准要求。

　　尽管 GB/T 28001 的要素可与其他管理体系要素进行协调或整合,但 GB/T 28001 并不包含其他管理体系特定的要求,如质量、环境、安全保卫或财务管理等要求。组织可通过对现有管理体系做出修改,以便建立符合 GB/T 28001 要求的职业健康安全管理体系,但需指出的是,各种管理体系要素的应用可能因预期目的和所涉及相关方的不同而各异。

职业健康安全管理体系的详细及复杂程度、文件化的范围及所投入资源等,取决于多方面因素,例如,体系的范围,组织的规模及其活动,产品和服务的性质,组织的文化等。中小型企业尤其如此。

第二节　　职业健康安全管理体系标准要求

【标准要求】

> ### 1　范围
>
> 　　本标准规定了对职业健康安全管理体系的要求,旨在使组织能够控制其职业健康安全风险,并改进其职业健康安全绩效。它既不规定具体的职业健康安全绩效准则,也不提供详细的管理体系设计规范。
>
> 　　本标准适用于任何有下列愿望的组织:
>
> 　　a)建立职业健康安全管理体系,以消除或尽可能降低可能暴露于与组织活动相关的职业健康安全危险源中的员工和其他相关方所面临的风险。
>
> 　　b)实施、保持和持续改进职业健康安全管理体系。
>
> 　　c)确保组织自身符合其所阐明的职业健康安全方针。
>
> 　　d)通过下列方式来证实符合本标准:
>
> 　　　1)做出自我评价和自我声明;
>
> 　　　2)寻求与组织有利益关系的一方(如顾客等)对其符合性的确认;
>
> 　　　3)寻求组织外部一方对其自我声明的确认;
>
> 　　　4)寻求外部组织对其职业健康安全管理体系的认证。
>
> 　　本标准中的所有要求旨在被纳入到任何职业健康安全管理体系中。其应用程度取决于组织的职业健康安全方针、活动性质、运行的风险与复杂性等因素。
>
> 　　本标准旨在针对职业健康安全,而非诸如员工健身或健康计划、产品安全、财产损失或环境影响等其他方面的健康和安全。

【理解要求】

　　(1)本标准为有下列愿望的组织规定了职业健康安全管理体系的要求:

　　　1)建立职业健康安全管理体系,以消除或尽可能降低可能暴露于与组织活动相关的职业健康安全危险源中的员工和其他相关方所面临的风险。

　　　2)实施、保持和持续改进职业健康安全管理体系。

　　　3)确保组织自身符合其所阐明的职业健康安全方针。

　　　4)通过下列方式来证实符合本标准:

　　　　①做出自我评价和自我声明;

　　　　②寻求与组织有利益关系的一方(如顾客等)对其符合性的确认;

　　　　③寻求组织外部一方对其自我声明的确认;

　　　　④寻求外部组织对其职业健康安全管理体系的认证。

（2）本标准的所有要求旨在被纳入到任何职业健康安全管理体系中。但其应用程度取决于组织自身实际情况，而没有强行规定。

【标准要求】

> **2 规范性引用文件**
>
> 下列文件对于本标准的应用是必不可少的。凡是注日期的引用文件，仅注日期的版本适用于本标准。凡是不注日期的引用文件，其最新版本（包括所有的修改单）适用于本标准。
>
> GB/T 19000—2008 质量管理体系 基础和术语（ISO 9000:2005,IDT）
>
> GB/T 24001—2004 环境管理体系 要求及使用指南（ISO 14001:2004,IDT）
>
> GB/T 28002—2011 职业健康安全管理体系 实施指南（OHSAS 18002:2008,IDT）

【理解要求】

这是国际标准的通用格式。

【标准要求】

> **3 术语和定义**
>
> 下列术语和定义适用于本标准。
>
> **3.1～3.23(23个术语略)**

【理解要求】

（1）术语和定义部分做了较大调整和变动，包括以下几方面：

 1）新增9个术语。它们分别为"可接受风险""纠正措施""文件""健康损害""职业健康安全方针""工作场所""预防措施""程序""记录"。

 2）修改13个术语的定义。它们分别为"审核""持续改进""危险源""事件""相关方""不符合""职业健康安全""职业健康安全管理体系""职业健康安全目标""职业健康安全绩效""组织""风险""风险评价"。

 3）原有术语"可容许风险"已被"可接受风险"所取代（见3.1）。

 4）原有术语"事故"被合并到术语"事件"中（见3.9）。

 5）术语"危险源"的定义不再涉及"财产损失"和"工作环境破坏"（见3.6）。

注：考虑到这样的损失和破坏并不直接与职业健康安全管理相关，它们应包括在资产管理的范畴内。作为替代的一种方式，此方面对职业健康安全有影响的损失和破坏，其风险可以通过组织风险评价过程得到识别，并通过适当的风险控制措施得到控制。

（2）本标准的术语可分为以下三类。

 1）职业健康安全基本概念术语（9个）：

  ①3.1 可接受风险（新增）；

  ②3.12 职业健康安全（修订）；

  ③3.6 危险源（修订）；

  ④3.7 危险源辨识（没变）；

  ⑤3.21 风险（修订）；

  ⑥3.22 风险评价（修订）；

  ⑦3.8 健康损害（新增）；

      ⑧3.9 事件(修订);

      ⑨3.23 工作场所(新增)。

    2)有关管理体系的术语(10 个):

      ①3.3 持续改进(修订);

      ②3.10 相关方(修订);

      ③3.17 组织(修订);

      ④3.13 职业健康安全管理体系(修订);

      ⑤3.14 职业健康安全目标(修订);

      ⑥3.15 职业健康安全绩效(修订);

      ⑦3.16 职业健康安全方针(新增);

      ⑧3.5 文件(新增);

      ⑨3.19 程序(新增);

      ⑩3.20 记录(新增)。

    3)有关审核的术语(4 个):

      ①3.2 审核(修订);

      ②3.11 不符合(修订);

      ③3.4 纠正措施(修订);

      ④3.18 预防措施(新增)。

  (3)术语的定义在标准第 4 章中予以介绍。

【标准要求】

4　职业健康安全管理体系要求

4.1　总要求

    组织应根据本标准的要求建立、实施、保持和持续改进职业健康安全管理体系,确定如何满足这些要求,并形成文件。

    组织应界定其职业健康安全管理体系的范围,并形成文件。

【相关术语/词语】

  (1)3.17　组织　organization。

    具有自身职能和行政管理的公司、集团公司、商行、企事业单位、政府机构、社团或其结合体,或上述单位中具有自身职能和行政管理的一部分,无论是否具有法人资格,公营或私营。

    注:对于拥有一个以上运行单位的组织,可以把一个运行单位视为一个组织。

  (2)3.13　职业健康安全管理体系　OH&S management system。

    组织管理体系的一部分,用于制定和实施组织的职业健康安全方针(3.16)并管理其职业健康安全风险(3.21)。

    注 1:管理体系是用于制定方针和目标并实现这些目标的一组相互关联的要素。

    注 2:管理体系包括组织结构、策划活动(例如风险评价、目标建立等)、职责、惯例、程序(3.19)、过程和资源。

    注 3:改编自 GB/T 24001—2004,3.8。

  (3)3.5　文件　document。

    信息及其承载媒体。

    注:媒体可以是纸张、计算机磁盘、光盘或其他电子媒体,照片或标准样品,或它们的组合。

【理解要求】

(1)组织试图通过实施 GB/T 28001,建立职业健康安全管理体系来改善自己职业健康安全绩效,树立良好的声誉和形象,就应按本标准的要求建立、实施、保持和持续改进职业健康安全管理体系。

(2)建立,即按本标准的要求,规定组织结构、职责,策划活动、过程、程序和资源等要求并形成文件。

(3)实施,即按照策划的要求运行体系,以控制其职业健康安全风险。

(4)保持,即体系不是临时的,应持续运行。

(5)持续改进,即职业健康安全管理体系不是一成不变的,而应该不断完善和改进。

(6)组织建立职业健康安全管理体系时,可以根据组织自身需求确定其范围并形成文件。需注意确定体系覆盖人员、活动和场所,这应包括影响组织员工和受组织控制的其他人员的职业健康安全的运行或活动。

【举例】

无。

【审核要求】

(1)审核组织在建立职业健康安全管理体系时的策划、方针目标制定、组织结构、职能分配、危险源辨识和风险控制方面的安排。

(2)了解组织建立的职业健康安全管理体系范围,是否形成文件。

(3)从总体上审查职业健康安全管理体系手册(如有的话)、程序文件是否符合标准的要求。

(4)通过本标准第四章全部条款审核完成后,进行综合分析,并做出评价。

【标准要求】

4.2 职业健康安全方针

最高管理者应确定和批准本组织的职业健康安全方针,并确保职业健康安全方针在界定的职业健康安全管理体系范围内:

a)适合于组织职业健康安全风险的性质和规模;

b)包括防止人身伤害与健康损害和持续改进职业健康安全管理与职业健康安全绩效的承诺;

c)包括至少遵守与其职业健康安全危险源有关的适用法律法规要求及组织应遵守的其他要求的承诺;

d)为制定和评审职业健康安全目标提供框架;

e)形成文件,付诸实施,并予以保持;

f)传达到所有在组织控制下工作的人员,旨在使其认识到各自的职业健康安全义务;

g)可为相关方所获取;

h)定期评审,以确保其与组织保持相关和适宜。

【相关术语/词语】

3.16 职业健康安全方针 OH&S policy。

最高管理者就组织(3.17)的职业健康安全绩效(3.15)正式表述的总体意图和方向。

　　注1:职业健康安全方针为采取措施和设定职业健康安全目标(3.14)提供框架。

　　注2:改编自 GB/T 24001—2004,3.11。

【理解要求】

　　(1)职业健康安全方针在职业健康安全管理体系中处于重要的指导地位,是组织职业健康安全管理的方向、宗旨和行动原则,应与组织总的方向、宗旨相一致并与其他管理体系协调,是组织经营方针的一部分。职业健康安全方针必须形成文件。

　　(2)对职业健康安全管理方针的内容要求:

　　　　1)适合组织职业健康安全风险的性质和规模;

　　　　2)包括防止人身伤害与健康损害和持续改进职业健康安全管理与职业健康安全绩效的承诺;

　　　　3)包括至少遵守与职业健康安全危险源有关的适用法律法规要求及组织应遵守的其他要求的承诺;

　　　　4)为制定和评审职业健康安全目标提供框架。

　　(3)对职业健康安全管理方针的管理要求:

　　　　1)形成文件,付诸实施,并予以保持;

　　　　2)传达到所有在组织控制下工作的人员,旨在使其认识到各自的职业健康安全义务;

　　　　3)可为相关方所获取;

　　　　4)定期评审,以确保其与组织保持相关和适宜。

【举例】

　　(1)某组织的职业健康安全方针:

　　员工为本,关心员工健康安全;

　　遵法守纪,消除预防安全风险;

　　科学管理,实现持续改进承诺。

　　职业健康安全承诺:真诚对待每一位员工,企业与员工共同健康发展。

　　(2)某组织的环境和职业健康安全方针:

　　保护环境　造福人类;

　　健康安全　预防为主;

　　遵守法规　持续发展。

　　保护环境　造福人类:在生产及服务活动中实施污染预防,严格管理、规范操作;全员参与,保护环境(杜绝能源、资源的浪费;尽可能采用环保材料,达标排放,减少废弃物排放),为人类社会发展作贡献。

　　健康安全　预防为主:安全第一,文明生产,减少职业危害,确保员工的健康安全。

　　遵守法规　持续发展:遵守法律法规及其他要求,建立、实施、保持 QEH 管理体系,不断提高环境和职业健康安全绩效,促进公司持续发展。

　　(3)某组织的质量、环境和职业健康安全方针:

　　降低风险,创立本质安全;

　　节能减排,共担社会责任;

　　提升质量,增强顾客满意;

　　持续改进,追求卓越绩效。

【审核要求】

（1）最高管理者是否确定和批准并形成文件的职业健康安全方针，请最高管理者介绍职业健康安全管理方针制定的过程、职业健康安全方针的内涵及对职业健康安全方针如何管理等。审核组织的职业健康安全方针是否包括标准要求的 4 项内容。

（2）在各部门审核时，通过与部门领导及员工的沟通与交流，判定他们是否掌握了职业健康安全方针的内容，从而了解最高管理者是否向员工宣讲了职业健康安全方针。

（3）通过对职业健康安全目标完成情况及职业健康安全管理方案实施情况的审核，判定职业健康安全方针是否在组织得到贯彻。

（4）通过查阅、培训、协商和沟通，管理评审等记录，判定职业健康方针是否传达到全体员工，是否为相关方所获取，是否定期进行了评审。

【标准要求】

4.3 策划

4.3.1 危险源辨识、风险评价和控制措施的确定

组织应建立、实施并保持程序，以便持续进行危险源辨识、风险评价和必要控制措施的确定。

危险源辨识和风险评价的程序应考虑：

——常规和非常规活动；

——所有进入工作场所的人员（包括承包方人员和访问者）的活动；

——人的行为、能力和其他人为因素；

——已识别的源于工作场所外，能够对工作场所内组织控制下的人员的健康安全产生不利影响的危险源；

——在工作场所附近，由组织控制下的工作相关活动所产生的危险源；

注 1：按环境因素对此类危险源进行评价可能更为合适。

——由本组织或外界所提供的工作场所的基础设施、设备和材料；

——组织及其活动的变更、材料的变更，或计划的变更；

——职业健康安全管理体系的更改，包括临时性变更等，及其对运行、过程和活动的影响；

——任何与风险评价和实施必要控制措施相关的适用法律义务（也可参见 3.12 的注）；

——对工作区域、过程、装置、机器和（或）设备、操作程序和工作组织的设计，包括其对人的能力的适应性。

组织用于危险源辨识和风险评价的方法应：

——在范围、性质和时机方面进行界定，以确保其是主动的而非被动的；

——提供风险的确认、风险优先次序的区分和风险文件的形成以及适当时控制措施的运用。

对于变更管理，组织应在变更前，识别在组织内、职业健康安全管理体系中或组织活动中与该变更相关的职业健康安全危险源和职业健康安全风险。

组织应确保在确定控制措施时考虑这些评价的结果。

在确定控制措施或考虑变更现有控制措施时，应按如下顺序考虑降低风险：

——消除；

——替代；

——工程控制措施；

——标志、警告和(或)管理控制措施；

——个体防护装备。

组织应将危险源辨识、风险评价和控制措施的确定的结果形成文件并及时更新。

在建立、实施和保持职业健康安全管理体系时,组织应确保对职业健康安全风险和确定的控制措施得到考虑。

注2:关于危险源辨识、风险评价和控制措施的确定的进一步指南见GB/T 28002—2011。

【相关术语/词语】

(1)3.6　危险源　hazard。

可能导致人身伤害和(或)健康损害的(3.8)根源、状态或行为。

(2)3.7　危险源辨识　hazard identification。

识别危险源(3.6)的存在并确定其特性的过程。

(3)3.21　风险　risk。

发生危险事件或有害暴露的可能性,与随之引发的人身伤害或健康损害(3.8)的严重性的组合。

(4)3.22　风险评价　risk assessment。

对危险源导致的风险(3.21)进行评估、对现有控制措施的充分性加以考虑以及对风险是否可接受予以确定的过程。

(5)控制措施:指企业根据风险评估结果,结合风险应对策略,确保内部控制目标得以实现的方法和手段,也称控制活动。

(6)3.19　程序　procedure。

为进行某项活动或过程所规定的途径。

注1:程序可以形成文件,也可以不形成文件。

注2:当程序形成文件时,通常称为"书面程序"或"形成文件的程序"。含有程序的文件(3.5)可称为"程序文件"。

[GB/T 19000—2008,3.4.5]

【理解要求】

(1)本条款要求建立、实施并保持危险源辨识、风险评价和控制措施确定程序,不断地对职业健康安全绩效进行例行监视和测量,用于持续进行危险源辨识、风险评价和确定必要控制措施。

(2)危险源辨识、风险评价和控制措施的确定是职业健康安全管理体系的核心内容,是建立职业健康安全管理体系的开端,它既影响到组织方针的制定又影响组织目标、管理方案、运行控制及监视测量等要素的实施,程序应包括以下5个方面要求。

1)危险源辨识。

危险源是可能导致人身伤害和(或)健康损害的根源、状态或行为,或其组合,在风险评价之前,先要识别危险源。危险源辨识是识别组织整个范围内所有存在的危险源的存在并确定其特性的过程。危险源辨识的范围:

①常规和非常规活动。

常规活动下危险源的辨识是指组织在正常运行状态下,发生或可能发生某种对员工产生危害的危险源,如在工作环境中充满某种有害气体、粉尘或在噪声干扰下从事生产活动或服务工作,这些有害气体、粉尘或噪声就是造成危害的危险因素,往往是引发职业病的主要因素。

非常规活动下,危险源的辨识是指组织在非正常运行条件下发生或可能发生某种危害的危险因素,这多发生在以下情况下:

异常状态下发生的危害,如设备检修中引发的有毒有害气体或液体的排放、泄漏等危害,设备搬迁过程中的倾倒,机械的撞伤等引起的危害。

紧急状态下发生的危害,如火灾、爆炸、厂房的倒塌等引起的危害,这种危害的特点就是突发性、不可预见性,而且造成危害的后果很难预料。这应是危险源辨识的重点。

②所有进入工作场所的人员的活动。

任何产品在实现或服务提供过程中,都包含有组织人员为产品实现或服务提供所进行的活动,也包含有相关方人员(如顾客、访问者、承包方人员、送货员或员工等)为组织提供产品或服务的活动,这些活动都会是发生或可能发生某种危害的危险源,因此组织要识别所有进入工作场所的人员,包括相关方人员的活动以及他们带来的风险。

③人的行为、能力和其他人为因素。

人的不安全行为,操作人员能力的不足或其他人为因素的干扰都可能形成危险源。

④已识别的源于工作场所外,能够对工作场所内组织控制下的人员的健康安全产生不利影响的危险源。

在某些情况下,可能会存在但未发生或源自工作场所外,但会对工作场所内组织控制下的人员的健康安全产生不利影响的危险源(如相邻单位释放有毒有害物质),组织对此类危险源也应予以辨识。

⑤在工作场所附近,由组织控制下的工作相关活动所产生的危险源。

组织有义务考虑自身产生的、越过其工作场所边界,但在工作场所附近的危险源,尤其是当法律法规对此类危险源规定了相应的义务和责任时。按环境因素对此类危险源进行评价可能更为合适。

⑥本组织或外界所提供的工作场所的基础设施、设备和材料。

指产品实现和服务提供过程中设施、设备和材料使用可能导致人身伤害和(或)健康损害,如厂房建筑、生产设备、电气设备、起重运输设备及各种危险化学品的使用等,其中包括组织自有的设施或设备,也包括由相关方提供的设施和设备,发生或可能发生危害的危险源。

⑦组织及其活动的变更、材料的变更,或计划的变更,以及职业健康安全管理体系的更改,包括临时性变更等。

组织结构及其活动的变化、使用材料的变化,或计划的更改,以及职业健康安全管理体系的更改,包括临时性变更,都可能带来新的危险源,组织应给予辨识。

危险源辨识宜由在相关危险源辨识方法和技术以及适当工作活动知识方面有能力胜任的人员来实施。

2)风险评价。

风险是发生危险事件或有害暴露的可能性,与随之引发的人身伤害或健康损害的严重性的组合。风险评价是对危险源导致的风险进行评估、对现有控制措施的充分性加以考虑以及对风险是否可接受予以确定的过程。可接受风险是指已降至组织根据其法律义务、职业健康安全方针和目标可容许程度的风险。

关于危险源评价的方法没有统一的规定,目前已开发出数十种评价方法。风险评价具有鲜明的行业特点,不同行业各不相同。有的行业只需定性或简单的定量评价就可以了,而有的行业可能需要复杂的定量分析。究竟选用何种风险评价方法,组织应根据其需要和工作场所的具体情况而定。

在许多情况下,职业健康安全风险可用简单方法进行评价,也可能仅定性评价。由于几乎不依赖于定量数据,因此,这些方法通常包含很大的判断成分。在某些情况下,这些方法可作为初始筛选工具,以确定何处需要更详尽的评价。风险评价宜由在相关风险评价方法和技术方面有能力胜任且对工作活动具有适当知识的人员来实施。

风险评价的结果能使组织对降低风险的可选方案进行比较和确定。

3)控制措施。

风险控制措施就是根据风险评价的结果提出并实施风险控制方案。在完成风险评价和对现有控制措施加以考虑之后,组织宜能够确定现有控制措施是否充分或是否需要改进,或者是否需要采取新控制措施。

如果需要新控制措施或者需要对控制措施加以改进,则控制措施的选定宜遵循控制措施层级选择顺序原则:可行时首先消除危险源;其次是降低风险(或者通过减小事件发生的可能性,或者通过降低潜在的人身伤害或健康损害的严重程度);最后采用个体防护装备(PPE)。

应用控制措施层级选择顺序的示例:

①消除——改变设计以消除危险源,如引入机械提升装置以消除手举重物危险源等;

②替代——用低危害材料替代或降低系统能量(如较低的动力、电流、压力、温度等);

③工程控制措施——安装通风系统、机械防护、联锁装置、声罩等;

④标示、警告和(或)管理控制措施——安全标志、危险区域标识、发光照片标志、人行道标识、警告器或警告灯、报警器、安全程序、设备检查、准入控制措施、作业安全制度、标牌和工作许可证等;

⑤个体防护装备(PPE)——安全防护眼镜、听力保护器具、面罩、安全带和安全索、口罩和手套。

应用控制措施层级选择顺序宜考虑相关的成本、降低风险的益处、可用的选择方案的可靠性。

4)变更管理。

在危险源辨识和风险评价的过程中,组织应管理和控制可能影响职业健康安全的任何变更,包括组织结构、员工、管理体系、过程、活动、材料使用等的变更。此类变更前,应先通过危险源的辨识和风险评价以确定是否产生新的危险源和新的风险,或者是否可能对现有的控制措施产生不利影响。

5）文件管理。

组织应建立、实施并保持程序，以便持续进行危险源辨识、风险评价和必要控制措施的确定。危险源辨识、风险评价和控制措施的确定是一个动态的循环过程，因此危险源辨识、风险评价需持续进行，控制措施也要相应改变，应将危险源辨识、风险评价和控制措施的确定的结果形成文件并及时更新。

【举例】

（1）某组织危险源辨识、风险评价和控制措施清单，见表1.1（其中评价结果1为可接受风险，2为不可接受风险）。

（2）某组织的风险控制措施总结如下：

1）对于不可接受风险，需采取相应的风险控制措施（即管理方案）以降低风险，使其达到可容许的程度（见4.4.3条款要求）；

2）对于可接受风险，需保持相应的风险控制措施（即运行控制），并不断监视，以防风险变大至不可容许的范围（见4.4.6条款要求）；

3）对于紧急状态下出现的意外风险，需采取应急准备和相应的控制措施（即启动应急预案），防止和减少相关的职业健康安全不良后果（见4.4.7条款要求）；

4）进行适当的教育和培训，提高全员的安全健康意识，以减少可避免的风险（见4.4.2条款要求）。

【审核要求】

（1）组织是否按本条款要求建立、实施并保持危险源辨识、风险评价和控制措施确定程序，用于持续进行危险源辨识、风险评价和确定必要控制措施。关注危险源辨识的充分性、风险评价的合理性和控制措施的有效性。

（2）查阅组织的危险源清单和不可接受风险清单，了解组织辨识危险源、评价风险的方法以及对风险采取的控制措施。结合现场审核的结果，判断组织建立的职业健康安全管理体系辨识危险源的充分性，评价风险的合理性，采取控制措施的有效性。

（3）查问组织结构、员工、管理体系、过程、活动、材料使用等是否有变更，组织是如何对这些变更进行管理的。

（4）查阅组织的危险源清单和不可接受风险清单是否及时更新，现场询问员工是否知道本岗位的危险源、如何评价和控制。

表1.1 某组织危险源辨识、风险评价与控制措施表

序号	作业活动/设施		危险源	可能导致的风险	评价方式 $D=LEC$				评价结果	控制措施
					L	E	C	D		
1	生产准备	领料	叉车装运原材料失误	车辆伤害	1	6	1	6	1	持上岗证，按安全操作规程执行
			人员搬运原材料失误	物体打击	1	6	1	6	1	加强安全教育，提高安全意识
			吊臂作业误操作	机械伤害	1	6	3	18	1	加强安全教育，提高安全意识
			两处溶酚池吊料作业误操作	灼烫	10	6	1	60	1	加强安全教育，提高安全意识
			化学原料泄露	中毒	1	6	7	42	1	穿戴劳动防护用品，规范操作
			领料时电梯使用不当	机械伤害	1	6	3	18	1	遵守制度，规范操作

续　表

序号	作业活动/设施		危险源	可能导致的风险	评价方式 $D=LEC$				评价结果	控制措施
					L	E	C	D		
1	生产准备	配料	固体粉尘飞扬	其他伤害	3	6	1	18	1	加强安全教育,提高安全意识
			液体化学品原材料加料误操作	灼烫	1	6	7	42	1	穿戴劳动防护用品
			球磨机加料失足	意外坠落	1	3	1	3	1	加强安全教育,提高安全意识
			人员加料防护用品穿戴不到位	中毒	1	6	7	42	1	遵守制度,规范操作
2	生产过程	工具使用	开桶扳手等误操作	物体打击	1	6	1	6	1	加强安全教育,提高安全意识
		瓷漆生产	球磨机噪声过大	人员烦躁耳聋	10	6	1	60	1	穿戴劳动防护用品
		油漆生产	反应釜作业误操作	火灾	1	6	15	90	1	1.严格遵守操作规程
			混合机作业误操作	火灾	1	6	15	90	1	2.加强安全教育,提高安全意识
			导热油炉运行不当	火灾	1	6	15	90	1	
			P聚酯烘焙作业失误	灼烫	10	6	1	60	1	穿戴劳动防护用品,提高安全意识
		树脂生产	反应釜作业误操作	火灾	1	6	15	90	1	严格遵守操作规程
		油漆中控	检测电炉高温失误	灼烫	10	6	1	60	1	遵守操作规程
		吸附处理废水	甲醇精馏阶段釜内积压过大、安全装置失灵	物理性爆炸	1	6	7	42	1	严格遵守操作规程
			甲醇精馏检测甲醇挥发	中毒	10	6	1	60	1	穿戴劳动防护用品,保持通风
			甲醇储存槽甲醇挥发	中毒	10	6	1	60	1	穿戴劳动防护用品,保持通风
3	生产收尾	产品包装	油漆、树脂包装泄漏	中毒	10	6	1	60	1	穿戴劳动防护用品,保持通风
			扳手等工具使用不当	物体打击	1	6	1	6	1	加强安全教育,提高安全意识
			包装桶搬运误操作	物体打击	1	6	1	6	1	
			钴钯釜放料误操作	意外坠落	1	3	1	3	1	
			防护用品穿戴不到位	中毒	1	6	7	42	1	遵守制度,规范操作
			化学物品泄露	中毒	1	6	7	42	1	穿戴劳动防护用品,规范操作
4	试验	检测做样	烘箱作业触摸高温体	灼烫	10	6	1	60	1	穿戴劳动防护用品,提高安全意识
			火碱清理器具没戴手套	灼烫	1	6	1	6	1	穿戴劳动防护用品,提高安全意识
			产品检测吸入有害气体	中毒	10	6	1	60	1	穿戴劳动防护用品,保持通风

续　表

序号	作业活动/设施		危险源	可能导致的风险	评价方式 $D=LEC$				评价结果	控制措施
					L	E	C	D		
5	日常工作	设备维护	拆卸设备部件意外跌落	物体打击	1	6	1	6	1	加强安全教育,加强安全意识
		清理反应釜	反应釜清理时吸入有害气体	中毒	10	3	1	30	1	穿戴劳动防护用品,保持通风
		电焊作业	电焊误操作	火灾	1	6	3	18	1	遵守操作规程
6	物品存放		化学原料泄露	中毒	1	6	7	42	1	遵守制度,规范操作
			半成品,成品储存有害气体泄漏	中毒	0.5	6	7	21	1	
7	办公室活动		电源插座漏电	触电	1	6	3	18	1	加强安全教育,提高安全意识
			剪刀、刀片使用不当	其他伤害	3	6	1	18	1	
8	活动场所(油漆三楼、树脂四楼、联苯)		油树分厂易燃易爆场所	火灾及爆炸	1	6	40	240	2	1.按《易燃易爆场所管理制度》进行管理 2.制定应急预案 3.加强安全教育,提高安全意识

【标准要求】

> **4.3.2　法律法规和其他要求**
>
> 　　组织应建立、实施并保持程序,以识别和获取适用于本组织的法律法规和其他职业健康安全要求。
>
> 　　在建立、实施和保持职业健康安全管理体系时,组织应确保对适用法律法规要求和组织应遵守的其他要求得到考虑。
>
> 　　组织应使这方面的信息处于最新状态。
>
> 　　组织应向在其控制下工作的人员和其他有关的相关方传达相关法律法规和其他要求的信息。

【相关术语/词语】

　　(1)法律法规:一般包括国家有关职业健康安全法律、法规,行政规章,地方性法规,健康安全技术标准等文件。

　　(2)其他要求:指除上述法律法规外,其他能控制和影响组织职业健康安全行为的所有规定和要求。

　　(3)3.10　相关方　interested party。

　　工作场所(3.23)内外与组织(3.17)职业健康安全绩效(3.15)有关或受其影响的个人或团体。

【理解要求】

　　(1)本条款要求建立、实施并保持法律法规和其他要求控制程序,用以识别和获取适用于本组织的法律法规和其他职业健康安全要求。

（2）遵守法律法规和其他要求是组织职业健康安全方针所必须包含的承诺,是组织建立职业健康安全管理体系的基本要求,也是组织的职业健康安全管理体系持续改进的基础。按本条款的要求应建立、实施并保持程序,程序中应有下述五方面要求。

  1）识别：识别最新的适用的法律法规和其他要求。

  2）获取：有沟通的方式,有适当的渠道来获得法律法规和其他要求。

  3）考虑：建立、实施和保持职业健康安全管理体系时,应充分考虑到法律法规和其他要求。

  4）更新：能及时更新相关法律法规和其他要求。

  5）传达：能将法律法规和其他要求的信息及时传达给控制下工作的人员和其他有关的相关方,建立明确畅通的信息传递的渠道。

（3）本条款要求的实施贯穿在职业健康安全管理体系的始终,本条款和其他条款的直接关系：

  1）职业健康安全方针（4.2c）中应有遵守与其职业健康安全危险源有关的适用法律法规要求及组织应遵守的其他要求的承诺；

  2）对危险源辨识、风险评价和控制措施的确定（4.3.1）中任何与风险评价和实施必要控制措施应考虑相关的适用法律义务,将违法行为作为重大风险进行控制；

  3）目标和方案（4.3.3）中建立和评审目标应考虑法律法规和其他要求的内容；

  4）合规性评价（4.5.2）中要求对法律法规和其他要求遵守情况要定期进行评价；

  5）管理评审（4.6）中对评审的输入要求包括与职业健康安全有关的法律法规和其他要求的发展的内容。

（4）另外以下条款也与法律法规和其他要求有间接关系：

  1）培训、意识和能力（4.4.2）中,培训的内容应包括对相关法律法规和其他要求的培训；

  2）协商和沟通（4.3.3）,包括对与员工和相关方沟通相关的法律法规和其他要求；

  3）运行控制（4.4.6）,必要时对相关的法律法规和其他要求的执行编制运行控制程序；

  4）应急准备和响应（4.4.7）,按法律法规和其他要求,相关的应急预案应报告当地的主管部门备案。

【举例】

（1）法律法规举例：

  1）法律、法规、规章；

  2）政令和指令；

  3）监管机构发布的命令；

  4）许可、执照或其他形式的授权；

  5）法庭判决或行政裁决；

  6）条约、公约、协议。

（2）其他要求举例：

  1）合同约定；

  2）与雇员的协议；

　　3)与相关方的协议；

　　4)与卫生当局的协议；

　　5)非法规性指南；

　　6)志愿性原则,良好实践或行为准则、章程；

　　7)组织或其上级组织的公开承诺；

　　8)公司要求。

(3)获取和更新法律法规和其他要求的渠道：

　　1)国际互联网；

　　2)图书馆；

　　3)贸易协会；

　　4)监管机构；

　　5)法律服务机构；

　　6)职业健康安全研究机构；

　　7)职业健康安全咨询机构；

　　8)设备生产商；

　　9)材料供应商；

　　10)承包方；

　　11)顾客。

【审核要求】

　　(1)组织是否按本条款要求建立、实施并保持了法律法规和其他要求控制程序,程序中是否规定了对法律法规和其他职业健康安全要求识别、获取、考虑、更新和传达等内容要求。

　　(2)在识别法律法规和其他要求时,审核员应明白不同行业所适用的法律法规和其他要求各不相同。即使是同一行业,由于各个组织的具体情况各不相同,如选用不同的工艺、设备、原材料等,所用法律法规也不完全一样。究竟组织需要遵守哪些法律法规和其他要求,组织需要根据自身的具体情况和需要进行识别。因此审核本条款要求时,应查阅组织识别的法律法规和其他要求清单,确认组织是否识别了适用企业的法律法规和其他要求并且识别了适用条款。

　　(3)了解组织收集"法律法规和其他要求"的渠道、更新的安排、传达的方式,判断组织符合本条款要求的有效性。

　　(4)通过对与不可接受风险的相关人员和管理者的交谈,判定组织有关人员是否了解相关的法律法规和其他要求。

【标准要求】

4.3.3　目标和方案

　　组织应在其内部相关职能和层次建立、实施和保持形成文件的职业健康安全目标。

　　可行时,目标应可测量。目标应符合职业健康安全方针,包括对防止人身伤害与健康损害,符合适用法律法规要求与组织应遵守的其他要求,以及持续改进的承诺。

　　在建立和评审目标时,组织应考虑法律法规要求和应遵守的其他要求及其职业健康安全风险。组织还应考虑其可选技术方案,财务、运行和经营要求,以及有关的相关方的观点。

　　组织应建立、实施和保持实现其目标的方案。方案至少应包括：

　　a)为实现目标而对组织相关职能和层次的职责和权限的指定；

> b)实现目标的方法和时间表。
>
> 应定期和按计划的时间间隔对方案进行评审,必要时进行调整,以确保目标得以实现。

【相关术语/词语】

(1)目标:要实现的结果。(QMS)

注1:目标可以是战略的、战术的或操作层面的。

注2:目标可以涉及不同的领域(如财务的、职业健康与安全的和环境的目标),并可应用于不同的层次(如战略的、组织(3.2.1)整体的、项目(3.4.2)的、产品(3.7.6)和过程(3.4.1)的)。

注3:可以采用其他的方式表述目标,例如:采用预期的结果、活动的目的或操作规程作为质量目标(3.7.2),或使用其他有类似含意的词(如目的、终点或标的)。

(2)方案:工作或行动的计划。

(3)3.5　文件　document。

信息及其承载媒体。

注:媒体可以是纸张、计算机磁盘、光盘或其他电子媒体,照片或标准样品,或它们的组合。

[GB/T 24001—2004,3.4]

(4)3.14　职业健康安全目标　OH&S objective。

组织(3.17)自我设定的在职业健康安全绩效(3.15)方面要达到的职业健康安全目的。

注1:只要可行,目标宜量化。

注2:4.3.3要求职业健康安全目标符合职业健康安全方针(3.16)。

(5)人身伤害:指身体结构完整性遭受破坏或者功能出现的差异或者丧失。

(6)3.8　健康损害　ill health。

可确认的、由工作活动和(或)工作相关状况引起或加重的身体或精神的不良状态。

【理解要求】

(1)职业健康安全管理目标是组织的职业健康安全管理体系所要达到的各项具体指标,是衡量组织的职业健康安全管理体系绩效的重要依据。标准要求组织应在其内部相关职能和层次建立、实施职业健康安全目标,目标要形成文件。

(2)目标的内容要求:可行时,目标应可测量,应符合职业健康安全方针,包括方针中要求的三个承诺(对防止人身伤害与健康损害,符合适用法律法规要求与组织应遵守的其他要求,以及持续改进的承诺)。

(3)评审目标时应考虑:法律法规和其他要求、其职业健康安全风险、可选技术方案,财务、运行和经营要求,以及有关的相关方的观点。

(4)为确保目标得以实现,组织应建立、实施和保持实现其目标的方案,并应定期和按计划的时间间隔对方案进行评审,必要时进行调整。

【举例】

(1)目标类型的示例一般包括以下几种:

1)以具体指定某物增加或减少一个数量值来设定的目标(如减少操作事件20%等);

2)以引入控制措施或消除危险源来设定的目标(如降低车间的噪声等);

3)以在特定产品中引入危害较小的材料来设定的目标;

4)以提高工作人员有关职业健康安全的满意度来设定的目标(如减低工作场所的工作压力等);

　　5)以减少在危险物质、设备或工艺过程中的暴露来设定的目标(如引入准入控制措施或防护措施等);

　　6)以提高安全完成工作任务的意识或能力来设定的目标;

　　7)以在法律法规即将颁布前做出妥当布置以满足其要求来设定的目标。

(2)管理方案内容一般应包括以下几方面:

　　1)需要控制的风险及相关的部门/所需实施的人员及职责权限、完成时间;

　　2)达成的目标,包括分解到相关职能和层次的目标;

　　3)具体措施,包括可选的技术方案及规定;

　　4)适当的资源(财力、人力和基础设施)需求;

　　5)实施方案措施的时间表和进度计划;

　　6)验证的要求及监督部门等。

(3)对方案的评审和调整。

　　1)当有新的开发或建设项目,增加活动、设备或服务时,应根据危险源辨识及风险评价的结果,制定新的管理方案;

　　2)当原有的活动过程、活动、设备或原料发生重大变更或修改时,方案应根据新的危险源辨识和风险评价结果进行必要的调整。

　　3)为确保职业健康安全管理方案为组织内的相关人员所理解,并有效实施,组织应将职业健康安全管理方案形成文件,予以传达。

【审核要求】

　　(1)查阅组织是否在相关职能和层次建立、实施和保持形成文件的职业健康安全目标;目标的内容是否符合标准的要求。

　　(2)审核组织职业健康安全目标的实施情况,判定目标制定的合理性和可操作性。

　　(3)组织是否针对其职业健康安全目标制定了管理方案,方案实施的有效性,有关风险是否得到控制。

　　(4)监督审核时,应重点审核管理方案如何评审与更新。

【标准要求】

4.4　实施和进行

4.4.1　资源、作用、职责、责任和权限

　　最高管理者应对职业健康安全和职业健康安全管理体系承担最终责任。

　　最高管理者应通过以下方式证实其承诺:

　　——确保为建立、实施、保持和改进职业健康安全管理体系提供必要的资源。

　　注1:资源包括人力资源和专项技能、组织基础设施、技术和财力资源。

　　——明确作用、分配职责和责任、授予权力以提供有效的职业健康安全管理;作用、职责、责任和权限应形成文件和予以沟通。

　　组织应任命最高管理者中的成员,承担特定的职业健康安全职责,无论他(他们)是否还负有其他方面的职责,应明确界定如下作用和权限:

　　——确保按本标准建立、实施和保持职业健康安全管理体系;

　　——确保向最高管理者提交职业健康安全管理体系绩效报告,以供评审,并为改进职业健康安全管理体系提供依据。

> 注2:最高管理者中的被任命者(比如大型组织中的董事会或执委员会成员),在仍然保留责任的同时,可将他们的一些任务委派给下属的管理者代表。
>
> 最高管理者中的被任命者其身份应对所有在本组织控制下工作的人员公开。
>
> 所有承担管理职责的人员,都应证实其对职业健康安全绩效持续改进的承诺。
>
> 组织应确保工作场所的人员在其能控制的领域承担职业健康安全方面的责任,包括遵守组织适用的职业健康安全要求。

【相关术语/词语】

(1)资源:拥有的物力、财力、人力、智力(信息、知识)等各种物质要素的总称。

(2)作用:对事物产生的影响、效果,作为,行为。

(3)职责:职务上应尽的责任。

(4)责任:责任是一种职责和任务,带有强制性。应尽的义务,分内应做的事,应承担的过失。

(5)权限:为了保证职责的有效履行,任职者必须具备的,对某事项进行决策的范围和程度。指职能权力范围,即行为的限制。

(6)3.12　职业健康安全(OH&S)　occupational health and safety (OH&S)。

影响或可能影响工作场所(3.23)内的员工或其他工作人员(包括临时工和承包方员工)、访问者或任何其他人员的健康安全的条件和因素。

注:组织须遵守关于工作场所附近或暴露于工作场所活动的人员的健康安全方面的法律法规要求。

(7)3.13　职业健康安全管理体系　OH&S management system。

组织(3.17)管理体系的一部分,用于制定和实施组织的职业健康安全方针(3.16)并管理其职业健康安全风险。

注1:管理体系是用于制定方针和目标并实现这些目标的一组相互关联的要素。

注2:管理体系包括组织结构、策划活动(例如风险评价、目标建立等)、职责、惯例、程序(3.19)、过程和资源。

注3:改编自 GB/T 24001—2004,3.8。

【理解要求】

(1)职业健康安全和职业健康安全管理体系承担最终责任者是最高管理者。

(2)最高管理者职责:

　　1)及时和有效地确定和提供防止工作场所内的人身伤害与健康损害所需的全部资源;

　　2)识别承担职业健康安全管理相关事务的人员,并确保其知晓其职责和责任;

　　3)确保组织管理者中那些承担职业健康安全职责的成员获得必要的权限以发挥其作用;

　　4)确保不同职能之间(例如部门之间、各不同管理层之间、工作人员之间、组织与承包方之间、组织与邻居之间等)的接口处职责分工明确;

　　5)任命最高管理者中的一名成员负责职业健康安全管理体系并报告其绩效。

(3)被任命的职业健康安全管理者的身份应对所有在本组织控制下工作的人员公开,其作用和权限如下:

　　1)确保按本标准建立、实施和保持职业健康安全管理体系;

　　2)确保向最高管理者提交职业健康安全管理体系绩效报告,以供评审,并为改进职业健康安全管理体系提供依据。

(4)所有管理者均宜提供显见的证明,以证实其持续改进职业健康安全绩效的承诺。证明的方式:访问和检查现场;参加事件调查;为采取纠正措施提供资源;出席且积极参与职业健康安全会议;就安全活动状况进行沟通;表彰良好的职业健康安全绩效等。

(5)作用、职责、责任和权限应形成文件和予以沟通。

【举例】

(1)组织在确定建立、实施和保持职业健康安全管理体系提供必要资源时,应考虑以下方面:

1)运行特需的财力、人力和其他资源;

2)运行特需的技术;

3)基础建设和设备;

4)信息系统;

5)专业技能和培训的需求。

(2)承担职业健康安全管理相关事务的人员包括以下几类:

1)被任命的职业健康安全最高管理者;

2)组织所有层次的管理者,包括最高管理者;

3)安全委员会或安全小组;

4)运行过程的操作者和一般工作人员;

5)管理承包方的职业健康安全的人员;

6)负责职业健康安全培训的人员;

7)负责职业健康安全关键设备人员;

8)负责管理被用工作场所的设施人员;

9)组织内具有职业健康安全资质人员或职业健康安全专家;

10)参与协商的员工职业健康安全代表等。

(3)作用、职责、责任和权限形成文件,其形式可以是职业健康安全管理手册、程序文件、作业指导书、岗位说明书和入职培训文件等。沟通的方式可以是公示文件、领导宣贯和组织学习等。

【审核要求】

(1)通过对职业健康安全管理手册、程序文件、作业指导书、岗位说明书和培训文件的查阅,判定组织的职业健康安全管理体系是否明确了作用、分配了职责和责任、授予了权力(作用、职责、责任和权限是否形成文件)以提供有效的职业健康安全管理。

(2)通过与管理层和各部门负责人及各类人员的交谈与沟通等方法,了解有关人员是否清楚自己的作用、职责、责任和权限,包括能否自觉遵守组织适用的职业健康安全要求。

(3)通过对具体职业健康安全管理活动及工作现场的审核,证实有关人员是否落实了相应的职责和权限,起到了应该起到的作用。证实职业健康安全管理体系运行具备了相应的人力资源和专项技能、组织基础设施、技术和财力资源。

【标准要求】

4.4.2 能力、培训和意识

组织应确保在其控制下完成对职业健康安全有影响的任务的任何人员都具有相应的能力,该能力基于适当的教育、培训或经历。组织应保存相关的记录。

> 组织应确定与职业健康安全风险及职业健康安全管理体系相关的培训需求。组织应提供培训或采取其他措施来满足这些需求，评价培训或采取的措施的有效性，并保存相关记录。
>
> 组织应当建立、实施并保持程序，使在本组织控制下工作的人员意识到：
>
> —— 他们的工作活动和行为的实际或潜在的职业健康安全后果，以及改进个人表现的职业健康安全益处；
>
> —— 他们在实现符合职业健康安全方针、程序和职业健康安全管理体系要求，包括应急准备和响应要求（参见 4.4.7)方面的作用、职责和重要性；
>
> —— 偏离规定程序的潜在后果。
>
> 培训程序应当考虑不同层次的：
>
> —— 职责、能力、语言技能和文化程度；
>
> —— 风险。

【相关术语/词语】

(1)能力：应用知识和技能实现预期结果的本领。

(2)培训：培养和训练，是受教育者获得一定的知识和技能的活动。

(3)意识：指人们对外界和自身的觉察与关注程度。

【理解要求】

(1)组织应该依据适当的教育、培训或经历，对其控制下完成对职业健康安全有影响的任务的人员确定能力需求，并保持相关记录。

(2)组织应提供培训或采取其他措施，使在本组织控制下工作的人员能满足能力需求。

制定的培训程序和培训方案应考虑职业健康安全风险、职业健康安全管理程序及作业指导书、职业健康安全方针和目标、方案以及员工的能力、作用、职责、责任和权限的规定等。

要保持培训等有关记录。

(3)组织应当建立、实施并保持程序，使在本组织控制下工作的人员具备以下健康安全意识。

　1)员工的工作活动和行为对他们职业健康安全的实际或潜在的影响（本岗位的职业健康安全风险），以及改进个人行为所带来的职业健康安全效益（包括职业健康安全管理方案）；

　2)员工在实现符合职业健康安全方针、程序和职业健康安全管理体系要求方面的作用、职责和重要性（包括发生事故和事件时应急准备和响应的措施和职责）；

　3)偏离规定运行程序可能带来的后果。

【举例】

(1)组织控制下完成对职业健康安全有影响的任务的人员应是包括最高管理者在内的各层次负责职业健康安全管理的人员，危险源辨识、风险评价和控制措施确定的人员，事件调查处理的人员，过程操作人员，风险评价控制措施执行人员，对绩效监测人员以及内部审核人员，聘用的新人员和转岗人员，也应包括承包方、临时工作人员和访问者等。

(2)培训内容：法律法规、程序和工作指令、操作标准及安全规则和任务分析、职业健康安全管理体系要求、危险化学品及职业健康安全风险、偏离特定作业程序时可能会造成的后果、岗位和责任、事故案例、紧急事件准备和应急要求等。

(3)培训或采取其他措施包括培训、辅导或重新分配工作,或者招聘具备能力的人员等。

【审核要求】

(1)与对职业健康安全有影响的任务的人员交谈,尤其是询问从事有不可接受风险的岗位人员,是否明确该岗位的能力需求,是否接受过专门培训。

(2)现场观察对职业健康安全有影响的任务的工作岗位的实际运行状况、风险控制情况,从而判断相关人员是否具备相应的职业健康安全意识和胜任能力。

(3)查阅人员需求及培训等有关记录。

【标准要求】

4.4.3　沟通、参与和协商

4.4.3.1　沟通

针对其职业健康安全危险源和职业健康安全管理体系,组织应建立、实施和保持程序,用于:

——在组织内不同层次和职能进行内部沟通;

——与进入工作场所的承包方和其他访问者进行沟通;

——接收、记录和回应来自外部相关方的相关沟通。

4.4.3.2　参与和协商

组织应建立、实施并保持程序,用于:

a)工作人员:

——适当参与危险源辨识、风险评价和控制措施的确定;

——适当参与事件调查;

——参与职业健康安全方针和目标的制定和评审;

——对影响他们职业健康安全的任何变更进行协商;

——对职业健康安全事务发表意见;

——应告知工作人员关于他们的参与安排,包括谁是他们的职业健康安全事务代表。

b)与承包方就影响他们的职业健康安全的变更进行协商。

适当时,组织应确保与相关的外部相关方就有关的职业健康安全事务进行协商。

【相关术语/词语】

(1)沟通:用任何方法彼此交换信息。

(2)参与:介入、参加(事务的计划、讨论、处理),参与其事,即"加入某种组织或某种活动"。

(3)协商:双方或者多方就某一问题而达成共识。

(4)3.9　事件　incident。

发生或可能发生与工作相关的健康损害(3.8)或人身伤害(无论严重程度),或者死亡的情况。

注1:事故是一种发生人身伤害、健康损害或死亡的事件。

注2:未发生人身伤害、健康损害或死亡的事件通常称为"未遂事故",在英文中也可称为"near-miss""near-hit""close call"或"dangerous occurrence"。

注3:紧急情况(见4.4.7)是一种特殊类型的事件。

【理解要求】

(1)组织应按本标准要求,建立、实施和保持沟通的程序,用于组织内不同层次和职能进行内部沟通及与进入工作场所的承包方和其他访问者进行沟通;同时用于接收、记录和回应来自外部相关方的相关沟通。

(2)组织还应按本标准要求,建立、实施和保持参与和协商的程序,用于组织工作人员:

1)适当参与危险源辨识、风险评价和控制措施的确定;

2)适当参与事件调查;

3)参与职业健康安全方针和目标的制定和评审;

4)对影响他们职业健康安全的任何变更进行协商;

5)对职业健康安全事务发表意见。

应告知工作人员关于他们的参与安排,包括谁是他们的职业健康安全事务代表。

(3)适当时,组织也可以视需要,建立与承包方和其他相关方协商的程序,与承包方就影响他们的职业健康安全的变更进行协商,就有关的职业健康安全事务进行协商。

【举例】

(1)内部沟通内容举例。

1)职业健康安全管理体系方针、目标以及有关管理者对职业健康安全管理体系承诺的信息;

2)法律法规及其他要求的信息;

3)关于识别危险源和评价风险的信息;

4)关于职业健康安全目标和其他持续改进的活动的信息;

5)与事件调查相关的信息;

6)与消除职业健康安全危险源和风险方面进展有关的信息;

7)与可能对职业健康安全管理体系产生影响的变化有关信息等。

(2)内部沟通渠道举例:会议、谈话、文件发放、安全简报、内部网络系统、电子邮件意见箱等。

(3)与进入工作场所的承包方和其他访问者进行沟通内容举例。

1)职业健康安全绩效;

2)工作场所的危险源辨识和风险;

3)不符合职业健康安全要求的后果;

4)运行的控制措施;

5)相关的法律法规要求;

6)疏散程序和警报响应的信息;

7)交通控制;

8)准入控制和陪同要求;

9)需穿戴的劳保护具要求等信息。

(4)外部沟通渠道举例:合同协议方式、口头传达、各种安全标识、张贴文件、书面交流等。

(5)员工、志愿者、临时工和合同工等工作人员参与举例。

1)参与、适当参与危险源辨识、风险评价和控制措施的确定;

2)适当参与事件调查;

3)参与职业健康安全方针和目标的制定和评审;

4)对职业健康安全事务发表意见;

5)参与改进职业健康安全绩效并提出改进建议；

6)对影响他们职业健康安全的任何变更进行协商,尤其在新的或经改造的设备引入、新的材料使用、设施设备更新改造、工艺流程改变等可能带来新的或不熟悉的危险源时,进行必要的参与。

【审核要求】

(1)组织是否按本条款要求建立、实施并保持沟通、参与和协商的控制程序。程序中是否明确了标准有关要求。

(2)询问员工是否了解谁是职业健康安全事务代表以及职业健康安全管理者,抽查组织内外部相关人员沟通及工作人员参与协商相关记录。了解职业健康安全方面沟通、参与和协商的有效性。

(3)查看外部沟通的实际效果,可通过电话随机抽查相关方对组织建立职业健康安全管理体系的满意程度。

【标准要求】

4.4.4　文件

职业健康安全管理体系文件应包括：

a)职业健康安全方针和目标；

b)对职业健康安全管理体系覆盖范围的描述；

c)对职业健康安全管理体系的主要要素及其相互作用的描述,以及相关文件的查询途径；

d)本标准所要求的文件,包括记录；

e)组织为确保对涉及其职业健康安全风险管理过程进行有效策划、运行和控制所需的文件,包括记录。

注:重要的是,文件要与组织的复杂程度、相关的危险源和风险相匹配,按有效性和效率的要求使文件数量尽可能少。

【相关术语/词语】

(1)3.5　文件　document。

信息及其承载媒体。

注:媒体可以是纸张,计算机磁盘、光盘或其他电子媒体,照片或标准样品,或它们的组合。

(2)3.19　程序　procedure。

为进行某项活动或过程所规定的途径。

注1:程序可以形成文件,也可以不形成文件。

注2:当程序形成文件时,通常称为"书面程序"或"形成文件的程序"。含有程序的文件(3.5)可称为"程序文件"。

[GB/T 19000—2008,3.4.5]

(3)3.20　记录　record。

阐明所取得的结果或提供所从事活动的证据的文件(3.5)。

[GB/T 24001—2004,3.20]

【理解要求】

(1)一般职业健康安全管理体系文件可采用类似(但不一定)以下形式:管理手册、程序文件、作业指导书、管理制度等。

  1)管理手册对职业健康安全管理体系标准条款的基本要求做出描述(包含职业健康安全方针和目标及对职业健康安全管理体系覆盖范围的描述);

  2)程序文件是描述开展职业健康安全管理体系活动过程的文件(包含要求的记录);

  3)作业指导书是描述开展职业健康安全管理体系具体活动要求的文件(包含要求的记录)。

  可以将职业健康安全管理体系文件纳入其他体系文件之中或引用其他文件,但需要提供查询文件的途径。

  (2)体系文件可以以书面文件形式或电子等媒体的形式建立和存在,或多种形式并用,应视组织的条件和需要而定。

【举例】

  (1)某家用电器有限责任公司文件。

  1)职业健康安全手册(OHS 01—01—2016)。

  2)程序文件:

   ①《危险源辨识、风险评价和控制措施确定程序》;

   ②《法律法规和其他要求控制程序》;

   ③《人力资源控制程序》;

   ④《沟通控制程序》(新);

   ⑤《参与和协商控制程序》(新);

   ⑥《文件控制程序》;

   ⑦《应急准备和响应控制程序》;

   ⑧《绩效测量和监视控制程序》;

   ⑨《监测设备校准和维护程序》;

   ⑩《合规性评价控制程序》(新);

   ⑪《事件调查控制程序》(新);

   ⑫《不符合、纠正和预防措施控制程序》;

   ⑬《记录控制程序》;

   ⑭《内部审核控制程序》。

  3)其他文件:

   ①策划类文件,如职业健康安全方面的各种计划、培训计划、定期身体检查计划、职业健康安全管理方案等;

   ②运行类文件,如各种设施运行安全操作规程,各种作业指导书。

   ③控制类文件,如常规性的监视和测量,事故、事件不符合的处理等。

【审核要求】

  (1)现场审核前,主要审核职业健康安全管理手册及程序文件是否符合标准的要求:

  1)与认证标准及法律法规要求的符合性;

  2)文件完整性、充分性;

  3)文件的协调性、适宜性;

  4)体系整合状况(如果是两个或三个管理体系结合在一起)。

（2）现场审核过程中,审核重点是文件的可操作性和有效性。

【标准要求】

4.4.5　文件控制

应对本标准和职业健康安全管理体系所要求的文件进行控制。记录是一种特殊类型的文件,应依据 4.5.4 的要求进行控制。

组织应建立、实施并保持程序,以规定:

a）在文件发布前进行审批,确保其充分性和适宜性;

b）必要时对文件进行评审和更新,并重新审批;

c）确保对文件的更改和现行修订状态做出标识;

d）确保在使用处能得到适用文件的有关版本;

e）确保文件字迹清楚,易于识别;

f）确保对策划和运行职业健康安全管理体系所需的外来文件做出标识,并对其发放予以控制;

g）防止对过期文件的非预期使用。若须保留,则应做出适当的标识。

【相关术语/词语】

（1）3.5　文件　document。

信息及其承载媒体。

注:媒体可以是纸张,计算机磁盘、光盘或其他电子媒体,照片或标准样品,或它们的组合。

（2）3.20　记录　record。

阐明所取得的结果或提供所从事活动的证据的文件。

（3）控制:掌握住,不使任何活动超出范围。

【理解要求】

（1）本条款要求建立、实施并保持文件控制程序,对本标准和职业健康安全管理体系所要求的文件进行控制,包括文件的编制、评审、批准、发放、使用、更改、再次批准、标识、回收和作废等全过程的控制,目的是识别和控制职业健康安全管理体系运行和活动绩效的信息和资料。文件失控,将影响到组织的职业健康安全管理体系的有效实施。

（2）文件控制程序应对下述内容进行规定:

1）文件发布前能得到批准以确保其适宜性和充分性。适宜性是指文件的内容适合于组织及产品的情况,充分性是指文件所阐述的要点充分未有漏项。

2）文件在实施中可能会发生由于组织结构、产品、工艺流程、相关的法律法规等发生变化,而出现不适宜的情况,此时要对原文件进行评审,组织也可以根据需要,定期对文件进行评审,以确定文件是否需要更新,若文件发生修改,则需经再次批准。

3）组织应能识别所有文件的修订状态。比如采用控制文件目录（清单）,文件修改申请单,修订一览表及修改标识等方式。

4）组织应确保在使用场所能得到有关版本的适用文件。一般来说,文件新版本出现后,旧版本自动作废。

5）文件应易于识别,清晰可辨。比如可采用对文件进行编号的方式,这样可实现文件的快速查找。文件的字迹应清晰,在文件使用过程中字迹也应保持清晰可认。

6)组织要识别与职业健康安全管理体系有关的全部外来文件,包括有关的法律法规、职业健康安全标准、相关方的要求等。要做出标识,控制其发放,并使其处于受控状况。应对外来文件进行跟踪识别,确保使用适用的有关版本的外来文件。

7)组织应防止作废文件的非预期使用,如有可能应考虑将这些作废文件从所有发放和使用场所及时收回。由于法律或其他原因,若要保留作废文件,应对这些文件适当地标记。

(3)记录是一种特殊类型的文件,不按本条款要求进行控制,应依据4.5.4条款的要求进行控制。

【举例】

无。

【审核要求】

(1)组织是否建立、实施并保持了文件控制程序,程序中是否包括了标准所要求控制的7项内容。

(2)审核职业健康安全管理体系所要求的文件实际得到控制的情况。

(3)标准中要求确保对策划和运行职业健康安全管理体系所需的外来文件做出标记,并对其发放予以控制,审核时应注意不要超范围审核。

【标准要求】

4.4.6 运行控制

组织应确定那些与已辨识的、需实施必要控制措施的危险源相关的运行和活动,以管理职业健康安全风险。这应包括变更管理(见4.3.1)。

对于这些运行和活动,组织应实施并保持:

a)适合组织及其活动的运行控制措施,组织应把这些运行控制措施纳入其总体的职业健康安全管理体系之中;

b)与采购的货物、设备和服务相关的控制措施;

c)与进入工作场所的承包方和访问者相关的控制措施;

d)形成文件的程序,以避免因其缺乏而可能偏离职业健康安全方针和目标;

e)规定的运行准则,以避免因其缺乏而可能偏离职业健康安全方针和目标。

【相关术语/词语】

(1)控制措施:指企业根据风险评估结果,结合风险应对策略,确保内部控制目标得以实现的方法和手段,也称控制活动。

(2)形成文件的程序:程序是为进行某项活动或过程所规定的途径,当程序形成文件时,通常称为"书面程序"或"形成文件的程序"。

(3)准则:所遵循的标准或原则。

【理解要求】

(1)运行控制是对那些与已辨识的、需实施必要控制措施的危险源相关的运行和活动进行掌控,使其不任意活动或超出范围,达到管理职业健康安全风险的目的。其中包括变更的管理。

(2)职业健康安全管理体系运行通过以下控制措施、程序文件及运行规则来控制:

1)对于运行区域和活动,如采购、研究与开发、销售、服务、办公活动、非现场工作、家庭工作、制造、运输和维护等,宜建立和实施必要的运行控制措施,以管理职业健康安全风险,使其保持可接受的水平。运行控制措施可采用各种不同的方法,例如物理装置(如屏障、进入控制等)、程序、工作指令、图示、警报和标志。这些措施包括适合组织及其活动的运行控制措施,与采购的货物、设备和服务相关的控制措施,与进入工作场所的承包方和访问者相关的控制措施。

　　2)组织宜规定预防人身伤害和健康损害所必要的形成文件的程序和运行准则。程序文件和运行准则宜具体针对组织及其运行和活动,并与组织自身的职业健康安全风险相关,如果缺乏,则可能会导致职业健康安全方针和目标的背离。

(3)变更管理。

运行控制措施宜定期予以评审,以评估其持续适宜性和有效性。已确定的必要变更宜予以实施。此外,如果需增加新控制措施和对现有控制措施进行修改,在实施前宜就职业健康安全危险源和风险进行评估。当存在运行控制措施的变更时,组织宜考虑是否有新的或调整的培训需求。

【举例】

(1)适合组织及其活动的运行控制措施举例(但不限于)。

　　1)设施、机械和设备的定期维护和修理,以预防不安全状况的发生;

　　2)通畅的人行通道的管理和维护;

　　3)通风系统和电气安全系统的维护;

　　4)健康方案(医疗监护方案);

　　5)与特定控制措施的使用有关的培训和方案(如工作许可证制度等);

　　6)进入工作场所的控制措施;

　　7)工作许可证制度、事先批准或授权制度的使用;

　　8)控制人员进出危险作业现场的程序;

　　9)危险材料可用区域的限制;

　　10)安全储存的规定和入库的控制措施;

　　11)材料安全数据及其他相关信息的提供和访问;

　　12)应急设备的使用知识和可利用性(4.4.7);

　　13)个体防护装备(PPE)的提供、控制和维护。

(2)与采购的货物、设备和服务相关的控制措施举例(但不限于)。

　　1)对所要采购的货物、设备和服务的职业健康安全要求的确立;

　　2)就组织自己的职业健康安全要求向供方沟通;

　　3)危险化学品、材料和物质的采购或运输/转移的事先批准的要求;

　　4)采购新机械和设备的事先批准的要求和规范;

　　5)供方的选择和监视;

　　6)对所接收的货物、设备和服务的检查以及对其职业健康安全绩效的验证(定期验证);

　　7)对新设施的职业健康安全规定的设计的批准。

(3)与进入工作场所的承包方和访问者相关的控制措施举例(但不限于)。

　　1)建立承包方的选择准则;

　　2)就组织自己的职业健康安全要求向承包方沟通;

　　3)评估、监视和定期重新评估承包方的职业健康安全绩效。

　　4)进入工作场所的控制措施;

　　5)在允许使用设备前确定其知识和能力;

　　6)必要的指导和培训的规定;

　　7)警告标志或管理控制措施;

　　8)监视访问者行为和指导其活动的方法。

　(4)规定的运行准则举例(但不限于)。

　　1)指定设备的使用及其使用程序或工作指令;

　　2)能力要求;

　　3)有害暴露的限制;

　　4)明确的库存限制;

　　5)指定的储存场所和条件;

　　6)个体防护装备(PPE)要求规范;

　　7)指定的进入条件;

　　8)承包方人员的能力和(或)培训要求的规范;

　　9)进入工作场所的控制措施(出入标志、准入限制);

　　10)现场安全简报。

【审核要求】

　(1)组织是否确定了那些与已辨识的、需实施必要控制措施的危险源相关的运行和活动。

　(2)查阅控制措施有关记录,是否有适合组织及其活动的运行控制措施,与采购的货物、设备和服务相关的控制措施,与进入工作场所的承包方和访问者相关的控制措施。

　(3)因缺乏程序和准则而可能偏离职业健康安全方针和目标的运行和活动,是否形成了程序文件和规定了运行准则。

　(4)现场查验组织职业健康安全管理体系运行的控制的有效性:

　　1)危险源处(重点审核不可接受风险)的设施、设备运行状况,控制措施实施情况;

　　2)特种设备定期监测、使用状况;

　　3)生产现场安全设施状况:防护栏、防护罩、除尘设备、消声器、屏蔽设施等;

　　4)辅助设备设施安全状况:配电室、锅炉房、供排水设施、发电机等;

　　5)化学品、危险化学品库房等的管理状况(存放种类、数量、温度、防护、报警装置、泄露应急措施等);

　　6)消防设施配备情况:灭火器、消防栓、消防通道等;

　　7)现场作业人员是否佩带劳保用品,是否按安全操作规程操作;

　　8)特种作业人员(电工、司炉工、电焊工、起重工、压力容器操作工、驾驶员等)是否持证上岗;

　　9)高危行业应确认企业周边存在的敏感区域(如居民区等)。

【标准要求】

4.4.7　应急准备和响应

　　组织应建立、实施并保持程序,用于:

　　a)识别紧急情况的潜在性;

b)对此紧急情况做出响应。

组织应对实际的紧急情况做出响应,防止和减少相关的职业健康安全不良后果。

组织在策划应急响应时,应考虑有关相关方的需求,如应急服务机构、相邻组织或居民。

可行时,组织也应定期测试其响应紧急情况的程序,并让有关的相关方适当参与其中。

组织应定期评审其应急准备和响应程序,必要时对其进行修订,特别是在定期测试和紧急情况发生后(见 4.5.3)。

【相关术语/词语】

(1)应急准备:指针对可能发生的事故,为迅速有序地开展应急行动而预先进行的准备和应急保障。

(2)应急响应:指事故发生后,有关组织和人员立即采取的应急预案或救援行动(即应急行动)。

(3)评审:对实体实现所规定目标的适宜性、充分性或有效性的确定。

(4)测试:测量、试验、演练、演示。

【理解要求】

(1)本条款要求建立、实施并保持应急准备和响应程序,识别职业健康安全管理体系运行过程中出现的紧急情况,并做出响应,防止和减少相关的职业健康安全不良后果。

(2)可行时,组织应对应急程序进行定期测试,以保证其持续的适宜性。应急程序的测试宜包含外部应急服务提供者等相关方适当参与,以便建立有效的工作关系。其中组织还应对人员就如何启动应急响应和疏散程序进行培训。应保持应急演练记录(此处标准没有要求)。

(3)组织应定期评审其应急准备和响应程序,必要时对其进行修订,特别是在定期测试和紧急情况发生、组织结构变动、法律法规要求等外部变化发生后。应保持定期评审记录(此处标准没有要求)。

【举例】

(1)各种不同规模紧急情况举例。

  1)导致严重伤害或健康损害的事件;

  2)火灾和爆炸;

  3)危险材料或气体的泄漏;

  4)自然灾害、恶劣天气;

  5)公用设施供应的中断,如电力中断等;

  6)关键设备故障;

  7)交通事故等。

(2)应急响应程序内容举例。

  1)潜在的紧急情况和位置的识别;

  2)应急期间人员所采取行动的详情(包括现场外工作的人员、承包方人员和访问者所采取的行动);

  3)疏散程序;

  4)应急期间具有特定响应责任和作用的人员的职责和权限(如消防监督员、急救人员和泄漏清理专家等);

　　5)与应急服务的接口和沟通;

　　6)与员工(现场内和现场外的员工)、执法人员和其他相关方(如家庭、邻居、当地社区、媒体等)的沟通;

　　7)应急响应所必要的信息(工厂布局图、应急响应设备的识别及位置、危险材料的识别及位置、公用设施的关闭位置、应急响应提供者的联络信息)。

　　(3)应急程序的定期测试。

　　应急程序的测试可以确保组织内外部的应急服务能够对紧急情况做出适当响应,测试可包含外部应急服务提供者,以便建立有效的工作关系。这可以改善应急期间的沟通与协作。应急演练可用于评估组织的应急程序、设备和培训,也可提高对应急响应协议的整体意识。内部各方(如员工等)和外部各方(如消防人员等)均可包含在演练中,以提高对应急响应程序的意识和理解。组织宜保持应急演练记录。所记录的信息种类包括演练状况和范围的描述,事件和活动的时间线,对任何显著成绩或问题的观察。记录的形式可以是文字、照片和录音录像等。

　　(4)应急预案的定期评审举例。

　　1)综合应急预案评审;

　　2)单项应急预案评审;

　　3)现场处置方案评审等。

【审核要求】

　　(1)组织是否按本条款要求建立、实施并保持了应急准备和响应程序,用以识别职业健康安全管理体系运行过程中出现的紧急情况,并做出响应,防止和减少相关的职业健康安全不良后果。

　　(2)审核组织识别了哪些潜在的事件或紧急情况,是否针对火灾、爆炸、危险化学品泄漏、中毒事故等紧急情况制定了有关的应急预案,并对其进行定期评审,在可行时进行了演练。

　　(3)查阅相关证据,通过定期演练记录,判断应急预案的可操作性,通过定期评审的记录,看其是否进行了必要的修订。

　　(4)通过面对面交流,了解相关人员对应急准备和响应程序的熟悉程度。

　　(5)现场观察应急响应设备是否可利用且足量,是否储存在易获得的场所且安全存放并加以防护,以免损坏。这些设备是否定期检查和(或)测试,以确保在紧急状况下能够运行。

【标准要求】

4.5　检查

4.5.1　绩效测量和监视

　　组织应建立、实施并保持程序,对职业健康安全绩效进行例行监视和测量。程序应规定:

　　a)适合组织需要的定性和定量测量;

　　b)对组织职业健康安全目标满足程度的监视;

　　c)对控制措施有效性(既针对健康也针对安全)的监视;

　　d)主动性绩效测量,即监视是否符合职业健康安全方案、控制措施和运行准则;

　　e)被动性绩效测量,即监视健康损害、事件(包括事故、"未遂事故"等)和其他不良职业健康安全绩效的历史证据;

> f)对监视和测量的数据和结果的记录,以便于其后续的纠正措施和预防措施的分析。
> 　　如果测量或监视绩效需要设备,适当时,组织应建立并保持程序,对此类设备进行校准和维护。应保存校准和维护活动及其结果的记录。

【相关术语/词语】

(1)3.15　职业健康安全绩效　OH&S performance。

组织(3.17)对其职业健康安全风险(3.21)进行管理所取得的可测量的结果。

注1:职业健康安全绩效测量包括测量组织控制措施的有效性。

注2:在职业健康安全管理体系(3.13)背景下,结果也可根据组织(3.17)的职业健康安全方针(3.16)职业健康安全目标(3.14)和其他职业健康安全绩效要求测量出来。

(2)监视:确定体系、过程、产品、服务或活动的状态。

注1:确定状态可能需要检查、监督或密切观察。

注2:通常,监视是在不同的阶段或不同的时间,对客体(3.6.1)状态的确定。

注3:这是ISO/IEC导则,第1部分的ISO补充规定的附件SL中给出的ISO管理体系标准中的通用术语及核心定义之一,最初的定义和注1已经被修订,并增加了注2。

(3)测量:确定数值的过程。

注1:根据GB/T 3358.2,确定的数值通常是量值。

注2:这是ISO/IEC导则,第1部分的ISO补充规定的附件SL中给出的ISO管理体系标准中的通用术语及核心定义之一,最初的定义已经通过增加注1被修订。

【理解要求】

(1)本条款要求建立、实施并保持绩效测量和监视程序,不断对职业健康安全绩效进行例行监视和测量,以保证职业健康安全管理体系有效运行。

(2)标准要求建立的监视测量程序应包括以下内容:

　　1)绩效的监视和测量方法可采用定性和定量测量两种方法,组织可以根据实际需要的具体情况确定,例如对管理方案的运行情况进行阶段性检查,使用检查表进行系统的工作场所、设施设备安全检查是定性测量。对作业环境中的尘、毒、噪等有害因素进行监测是定量测量。

　　2)对职业健康安全管理体系目标和指标达成情况的监视。

　　3)对降低风险、减少人身伤害和健康损害的各种控制措施的有效性进行监视。

　　4)主动性绩效测量,指监视组织职业健康安全活动的符合性,活动是否符合职业健康安全方案规定、是否符合控制措施和运行准则的要求。

　　5)被动性绩效测量,指监视调查、分析和记录职业健康安全管理体系的不良案例(如事件、事故、职业病、财产损失等),是否吸取教训,引以为戒。

　　6)组织应对监视和测量的数据和结果进行记录,并予以保存。应对数据和结果进行分析,肯定成绩并找出需要改进的地方,以便确定采取纠正措施和预防措施。

(3)如果测量或监视绩效需要仪器设备,组织应建立并保持程序,在程序中应规定对仪器设备进行校准和维护,并保存其结果记录的要求。

【举例】

(1)主动性绩效测量举例。

　　1)法律法规和其他要求的符合性评价;

2）工作场所安全巡视或检查结果的有效使用；

3）职业健康安全培训的有效性评估；

4）职业健康安全行为观察；

5）使用认知调查以评估职业健康安全文化和相关员工的满意度；

6）内、外部审核结果的有效使用；

7）如期完成法定要求或其他检查；

8）管理方案实施的程度；

9）员工参与过程的有效性；

10）健康筛查；

11）有害暴露的模拟和监视；

12）以良好职业健康安全实践为标杆；

13）工作活动评价等。

（2）被动性绩效测量的举例。

1）健康损害的监视；

2）事件和健康损害的发生及比率；

3）事件时间损失率、健康损害时间损失率；

4）按监管机构评价所需采取的措施；

5）按收到的相关方意见采取的措施等。

【审核要求】

（1）组织是否按本条款要求建立、实施并保持了绩效测量和监视程序，对职业健康安全绩效进行例行监视和测量。

（2）组织是否按照程序的要求对职业健康安全绩效、运行控制有效性、职业健康安全目标、管理方案符合性等实施了监测，并进行了记录。

（3）用于职业健康安全绩效的监视和测量设备是否按规定实施校准和维护，并保持记录。

【标准要求】

4.5.2　合规性评价

4.5.2.1　为了履行遵守法律法规要求的承诺［见 4.2 c)］，组织应建立、实施并保持程序，以定期评价对适用法律法规的遵守情况（见 4.3.2）。

组织应保存定期评价结果的记录。

注：对不同法律法规要求的定期评价的频次可以有所不同。

4.5.2.2　组织应评价对应遵守的其他要求的遵守情况（见 4.3.2）。这可以和 4.5.2.1 中所要求的评价一起进行，也可另外制定程序，分别进行评价。

组织应保存定期评价结果的记录。

注：对不同的应遵守的其他要求，定期评价的频次可以有所不同。

【相关术语/词语】

（1）合规性义务：组织必须遵守的法规要求和组织选择遵守的其他要求。合规性义务可来自于强制性要求，如适用的法律与法规；或来自于自愿性承诺，例如组织的和行业的标准、合同关系、实施规则以及与社会团体和非政府组织达成的协议。

（2）评价：衡量、评定、分析、评论。评价是为了考量预设目标的实现程度而持续不断地运用有效方法与技术采集、筛选和分析信息，进行价值判断，指导问题解决的系统行动过程。

【理解要求】

（1）本条款要求建立、实施并保持合规性评价程序，以评价对适用法律法规和其他要求的遵守情况。

（2）履行遵守适用法律法规要求和其他要求是组织职业健康安全管理体系重要活动，也是组织义不容辞的责任。

（3）组织应按程序要求，按确定的时间间隔，评价对适用法律法规和其他要求的遵守情况，必要时应采取相应的措施。

（4）组织应保存对适用法律法规和其他要求遵守情况定期评价结果的记录。

【举例】

（1）常用合规性评价的方法举例。

　　1）审核；

　　2）执法检查的结果；

　　3）对法律法规和其他要求的分析；

　　4）对事件和风险评价的文件和（或）记录的评审；

　　5）访谈；

　　6）对设施、设备和区域的检查；

　　7）对项目或工作的评审；

　　8）对监视和测试结果的分析；

　　9）设施巡查和（或）直接观察等。

（2）合规性评价的方式：合规性评价可与管理评审或其他活动相结合。这些活动可包括管理体系审核、环境审核或质量保证检查。

【审核要求】

（1）组织是否按本条款要求建立、实施并保持了合规性评价程序，用于定期评价对适用法律法规和其他要求的遵守情况。

（2）查阅对法律法规和其他要求定期评价结果的记录，判断组织合规性评价的有效性。

（3）如果发现有法律法规和其他要求不合规的情况，是否及时采取纠正和纠正措施，应跟踪审核措施实施情况，验证措施的有效性，确保实现履行合规性义务的承诺。

【标准要求】

4.5.3 事件调查、不符合、纠正措施和预防措施

4.5.3.1 事件调查

组织应建立、实施并保持程序，记录、调查和分析事件，以便：

a）确定内在的、可能导致或有助于事件发生的职业健康安全缺陷和其他因素；

b）识别对采取纠正措施的需求；

c）识别采取预防措施的可能性；

d）识别持续改进的可能性；

e）沟通调查结果。

调查应及时开展。

对任何已识别的纠正措施的需求或预防措施的机会,应依据 4.5.3.2 相关要求进行处理。

事件调查的结果应形成文件并予以保持。

4.5.3.2　不符合、纠正措施和预防措施

组织应建立、实施并保持程序,以处理实际和潜在的不符合,并采取纠正措施和预防措施。程序应明确下述要求:

a)识别和纠正不符合,采取措施以减轻其职业健康安全后果;

b)调查不符合,确定其原因,并采取措施以避免其再度发生;

c)评价预防不符合的措施需求,并采取适当措施,以避免不符合的发生;

d)记录和沟通所采取的纠正措施和预防措施的结果;

e)评审所采取的纠正措施和预防措施的有效性。

对于纠正措施或预防措施中识别出新的或变化的危险源,或者对新的或变化的控制措施的需求的情况,程序应要求对拟定的措施在实施之前须经过风险评价。

为消除实际和潜在不符合的原因而采取的任何纠正或预防措施,应与问题的严重性相适应,并与面临的职业健康安全风险相匹配。

对因纠正措施和预防措施而引起的任何必要变化,组织应确保其体现在职业健康安全管理体系文件中。

【相关术语/词语】

(1)3.9　事件　incident。

发生或可能发生与工作相关的健康损害(3.8)或人身伤害(无论严重程度),或者死亡的情况。

注 1:事故是一种发生人身伤害、健康损害或死亡的事件。

注 2:未发生人身伤害、健康损害或死亡的事件通常称为"未遂事件",在英文中也可称为"near-miss""near-hit""close call"或"dangerous occurrence"。

注 3:紧急情况(见 4.4.7)是一种特殊类型的事件。

(2)调查:为了了解情况而进行考察(多指到现场)。

(3)3.11　不符合　nonconformity。

未满足要求。

[GB/T 19000—2008,3.6.2;GB/T 24001—2004,3.15]

注:不符合可以是对下述要求的任何偏离:

——有关的工作标准、惯例、程序、法律法规要求等;

——职业健康安全管理体系(3.13)要求。

(4)3.4　纠正措施　corrective action。

为消除已发现的不符合(3.11)或其他不期望情况的原因所采取的措施。

[GB/T 19000—2008,3.6.5]

注 1:一个不符合可以有若干个原因。

注 2:采取纠正措施是为了防止再发生,而采取预防措施(3.18)是为了防止发生。

(5)3.18　预防措施　preventive action。

为消除潜在不符合(3.11)或其他不期望潜在情况的原因所采取的措施。

注 1:一个潜在不符合可以有若干个原因。

注2:采取预防措施是为了防止发生,而采取纠正措施(3.4)是为了防止再发生。

[GB/T 19000—2008,3.6.4]

(6)3.22　风险评价　risk assessment。

对危险源导致的风险(3.21)进行评估、对现有控制措施的充分性加以考虑以及对风险是否可接受予以确定的过程。

(7)纠正:为消除已发现的不合格所采取的措施。

注:纠正可与纠正措施一起实施,或在其之前或之后实施。

【理解要求】

(1)本条款要求建立、实施并保持事件调查程序,事件是发生或可能发生与工作相关的健康损害或人身伤害,或者死亡的情况。按照程序要求,及时地记录、调查和分析事件,防止事件再发生和识别改进可能性,以提升工作场所内整体职业健康安全意识。

(2)实施事件调查程序应该达到以下目的:

　1)确定内在的、可能导致或有助于事件发生的职业健康安全缺陷和其他因素。

　2)识别对采取纠正措施的需求、采取预防措施的可能性、持续改进的可能性;沟通调查结果,并对任何已识别的纠正措施的需求或预防措施的机会按相关要求进行处理。

　3)沟通调查结果,并保持形成文件的记录。

(3)本条款还要求建立、实施并保持不符合、纠正措施和预防措施控制程序,用于处理实际和潜在的不符合,并采取纠正措施和预防措施,改善与改进职业健康安全管理体系。

(4)不符合就是未满足要求,任何与工作标准、惯例、程序、法规、管理体系要求的偏离,其结果能够直接或间接导致人身伤害或健康损害,都构成不符合。程序要求:

　1)识别和纠正不符合,纠正是指消除已经发生的不符合,其目的是尽可能减轻其职业健康安全后果。

　2)纠正措施是指为消除已识别的不符合或事件的根本原因以防止再次发生而采取的措施。一旦识别了不符合,就宜对其进行调查以确定其原因,以便使纠正措施能够针对体系的适当部分。组织宜考虑需采取何种措施以处理问题,需做出何种改变以纠正这种状况。此类措施的响应和时间安排宜适合于不符合和职业健康安全风险的性质和规模。

　3)预防措施是指为消除潜在不符合或潜在不期望状况的根本原因以防止其发生而采取的措施。当识别了潜在问题但未出现实际不符合时,宜使用类似纠正措施的方法采取预防措施。潜在问题可使用诸如推断的方法来识别,如将实际的不符合纠正措施推断用于存在类似活动或危险源的其他适当区域。

　4)评审所采取的纠正措施和预防措施的有效性。

　5)事件调查的结果应形成文件并予以保持。

(5)标准要求采取的任何纠正或预防措施,应与问题的严重性和面临的风险相适应。如果采取的纠正措施或预防措施中识别出新的或变化的危险源,或者对新的或变化的控制措施的需求的情况,组织对拟定的措施在实施之前须经过风险评价。

(6)对因纠正措施和预防措施而引起的任何必要变化,组织应对相关职业健康安全管理体系文件做出适当的修订。

【举例】

职业健康安全管理体系运行活动中可能发生的不符合举例。

1）最高管理者未兑现其承诺；

2）未建立职业健康安全目标；

3）未确定职业健康安全管理体系所要求的职责，如实现目标的职责等；

4）未定期评价对法律法规要求的合规性；

5）未满足培训需求；

6）文件过期或不适宜；

7）未进行沟通；

8）未实施实现改进目标的策划方案；

9）未持续实现绩效改进的目标；

10）未满足法律法规或其他要求；

11）未记录事件；

12）未及时实施纠正措施；

13）未处理的疾病或伤害持续保持高比率；

14）偏离职业健康安全程序；

15）引入新材料或新工艺时未进行适当的风险评价。

【审核要求】

（1）组织是否按本条款要求建立、实施并保持了事件调查、不符合、纠正措施和预防措施程序，用于记录、调查和分析事件，处理实际和潜在的不符合。

（2）查阅组织发生的事故、事件、不符合清单，抽查几个案例，看其是否按程序规定的过程控制：处理—调查原因—采取纠正措施—确认措施的有效性—必要时修改文件。

（3）审核组织采取了纠正和预防措施后的风险是否得到了有效控制，纠正措施的实施是否带来新的风险。

（4）审核组织是否对潜在的不符合采取了预防措施。

（5）查阅因纠正和预防措施而引起的对形成文件的更改情况。

【标准要求】

> **4.5.4　记录控制**
>
> 　组织应建立并保持必要的记录，用于证实符合职业健康安全管理体系要求和本标准要求，以及所实现的结果。
>
> 　组织应建立、实施并保持程序，用于记录的标识、储存、保护、检索、保留和处置。
>
> 　记录应保持字迹清楚，标识明确，并可追溯。

【相关术语/词语】

（1）3.20　记录　record。

阐明所取得的结果或提供所从事活动的证据的文件。

（2）控制：掌握住，不使任意活动或超出范围。

【理解要求】

（1）本条款要求建立、实施并保持记录控制程序，对记录的标识、储存、保护、检索、保留和处置过程进行控制,目的是证实符合职业健康安全管理体系要求和本标准要求,以证明其职业健康安全风险得到有效管理。证明组织的职业健康安全管理体系的有效实施。

　　(2)记录控制程序应对如下内容进行规定。

　　　　1)标识:可以用编号等方式;

　　　　2)储存:安排适宜的环境防止记录的损坏或丢失;

　　　　3)保护:对记录的防护和保管、借阅的规定;

　　　　4)检索:易于查找,包括编目、归档及查阅的规定;

　　　　5)保留:对保存期限的要求;

　　　　6)处置:包括记录最终如何销毁的规定。

　　(3)对记录的要求:保持字迹清楚,标识明确,并可追溯。

【举例】

　　常用的职业健康安全记录举例。

　　　　1)法律法规和其他要求的符合性评价记录;

　　　　2)危险源辨识、风险评价和风险控制记录;

　　　　3)职业健康安全绩效监视记录;

　　　　4)用于监视职业健康安全绩效的设备校准和维护记录;

　　　　5)纠正措施和预防措施记录;

　　　　6)职业健康安全检查报告;

　　　　7)支持能力评估的培训和相关记录;

　　　　8)职业健康安全管理体系审核报告;

　　　　9)参与和协商报告;

　　　　10)事件报告;

　　　　11)事件跟踪报告;

　　　　12)职业健康安全会议纪要;

　　　　13)健康监护报告;

　　　　14)个人防护设备维护记录;

　　　　15)应急响应演练报告;

　　　　16)管理评审记录等。

【审核要求】

　　(1)组织是否建立、实施并保持了记录控制程序,程序中是否包括了标准所要求控制的 6 项内容。

　　(2)审核职业健康安全管理体系所要求的记录实际得到控制的情况,是否保持字迹清楚,标识明确,并可追溯。

　　(3)目前组织使用的电子记录越来越多,对于电子记录,宜关注使用防病毒系统和非现场的备份储存的控制情况。

【标准要求】

4.5.5　内部审核

　　组织应确保按照计划的时间间隔对职业健康安全管理体系进行内部审核。目的:

　　——确定职业健康安全管理体系是否:

> - 符合组织对职业健康安全管理的策划安排,包括本标准的要求;
> - 得到了正确的实施和保持;
> - 有效满足组织的方针和目标。
>
> ——向管理者报告审核结果的信息。
>
> 组织应基于组织活动的风险评价结果和以前的审核结果,策划、制定、实施和保持审核方案。应建立、实施和保持审核程序,以明确:
>
> ——关于策划和实施审核、报告审核结果和保存相关记录的职责、能力和要求;
> ——审核准则、范围、频次和方法的确定。
>
> 审核员的选择和审核的实施均应确保审核过程的客观性和公正性。

【相关术语/词语】

(1)内部审核:指组织内部为获得客观证据,对建立的职业健康安全管理体系进行客观评价,以判定体系是否符合 GB/T 28001 的要求和是否符合自身规定的要求,进行的系统的独立的并形成文件的活动。

(2)3.2 审核 audit。

为获得"审核证据"并对其进行客观的评价,以确定满足"审核准则"的程度所进行的系统的、独立的并形成文件的过程。

注1:"独立的"不意味着必须来自组织外部。很多情况下,特别是在小型组织,独立性可以通过与被审核活动之间无责任关系来证实。

注2:有关"审核证据"和"审核准则"的进一步指南见 GB/T 19011。

(3)审核方案:针对特定时间段并具有特定目标所策划的一组(一次或多次)审核安排。

(4)审核范围:审核的内容和界限。

注:审核范围通常包括对实际位置、组织单元、活动和过程的描述。

(5)审核计划:对审核活动和安排的描述。

(6)审核准则:用于与客观证据进行比较的一组方针、程序或要求。

(7)审核证据:与审核准则有关并能够证实的记录、事实陈述或其他信息。

【理解要求】

(1)本条款要求建立、实施并保持内部程序,用于评价职业健康安全管理体系是否符合组织对职业健康安全管理的策划安排,是否符合 GB/T 28001 的要求,是否得到正确的实施和保持,是否有效满足组织的方针和目标。内部审核结果是管理评审的重要输入。

(2)内部审核,有时称为第一方审核,简称内审,由组织自己或以组织的名义进行,用于管理评审和其他内部目的,可作为组织自我合格声明的基础。可以由与正在被审核的活动无责任关系的人员进行,以证实独立性。获取有关职业健康安全管理体系绩效和有效性的信息,确保达成策划的安排,有效实施并保持职业健康安全管理体系。

(3)组织应策划、制定、实施和保持审核方案,针对特定时间段并具有特定目标所策划的一组(一次或多次)审核安排,审核方案应包括频次、方法、职责、策划要求和报告。

(4)组织根据自身的需求,确定每次内审的准则和范围。

(5)在确定审核组内审人员时,组织为确保审核客观和公正,一般情况下内审员不应审核自身的工作。

（6）每次内审结束，应形成内部审核报告，经组织最高管理者批准后下发相关部门。

（7）内部审核报告中出现的不符合项，责任部门应在查找原因的基础上，及时采取适当的纠正和纠正措施。

（8）要保留作为实施审核方案以及审核结果的证据。

【举例】

（1）审核频次：通过审核计划（如月度、季度、年度）来体现。在确定审核频次时，组织应考虑过程运行的频次、过程的成熟度或复杂度，过程变更以及内部审核方案的目标。例如，过程越成熟，需要内部审核时间可能就越少；过程越复杂，需要的内部审核就越频繁。

（2）审核方法：访谈、查阅记录、现场观察及重复验证。

（3）审核准则：用于与客观证据进行比较的一组方针、程序或要求。具体到职业健康安全管理体系审核准则是与职业健康安全有关的法律法规、与职业健康安全有关的标准、组织的职业健康安全管理体系文件及相关方要求。

（4）审核证据：与审核准则有关并能够证实的记录、事实陈述或其他信息。

（5）审核范围：可以是具体部门、产品生产线、某个过程和设施，涉及的职业健康安全标准要求条款及某个时间段。

（6）一般情况下，内部审核应保留以下形成文件的信息：

　　1）内部审核计划；

　　2）内部审核计划发放登记；

　　3）内部审核首次会议签到表（会议记录）；

　　4）内部审核末次会议签到表（会议记录）；

　　5）内部审核报告；

　　6）内部审核报告发放登记；

　　7）不符合项报告（尽量闭环）；

　　8）检查表汇总。

【审核要求】

（1）组织是否按本条款要求建立、实施并保持了内部审核程序，是否制定了审核方案，方案是否基于组织活动的风险评价结果和以前的审核结果。

（2）查阅内部审核形成文件的有关信息，审核组织的内部审核活动是否符合标准的要求。

（3）查看内部审核中开出的不符合项，现场验证其采取的纠正和纠正措施实施的有效性。

【标准要求】

> **4.6 管理评审**
>
> 　　最高管理者应按计划的时间间隔，对组织的职业健康安全管理体系进行评审，以确保其持续适宜性、充分性和有效性。评审应包括评价改进的可能性和对职业健康安全管理体系进行修改的需求，包括对职业健康安全方针和职业健康安全目标的修改需求。应保存管理评审记录。
>
> 　　管理评审的输入应包括：
>
> 　　——内部审核和合规性评价的结果；
>
> 　　——参与和协商的结果（见4.4.3）；
>
> 　　——来自外部相关方的相关沟通信息，包括投诉；

> ——组织的职业健康安全绩效；
> ——目标的实现程度；
> ——事件调查、纠正措施和预防措施的状况；
> ——以前管理评审的后续措施；
> ——客观环境的变化，包括与职业健康安全有关的法律法规和其他要求的发展；
> ——改进建议。
> 管理评审的输出应符合组织持续改进的承诺，并应包括与如下方面可能的更改有关的任何决策和措施：
> ——职业健康安全绩效；
> ——职业健康安全方针和目标；
> ——资源；
> ——其他职业健康安全管理体系要素。
> 管理评审的相关输出应可供沟通和协商（见 4.4.3）。

【相关术语/词语】

（1）管理评审：最高管理者为确保组织的职业健康安全管理体系持续适宜性、充分性和有效性而进行的一项例行活动。

（2）3.11.2　评审　review。（QMS）

对客体实现所规定目标的适宜性、充分性或有效性的确定。

示例：管理评审、设计和开发评审、顾客要求评审、纠正措施评审和同行评审。

注：评审也可包括确定效率。

（3）适宜性：体系对现状而言，行不行？ 指组织建立的质量管理体系适应周围（内部和外部）环境的特性。

（4）充分性：体系对现状而言，够不够？ 指质量管理体系应当结构合理、过程齐全、程序连续、文件完整，资源提供具有实现质量目标的能力。

（5）有效性：体系对现状而言，好不好？ 指对完成所策划的活动与达到所策划的结果的程度的度量。

【理解要求】

（1）本条款要求组织的最高管理者为了确保组织建立的职业健康安全管理体系保持持续适宜性、充分性和有效性，应按计划的时间间隔，对组织的职业健康安全管理体系进行评价。

（2）管理评审的核心内容是评价改进的可能性和对职业健康安全管理体系进行修改的需求，包括对职业健康安全方针和职业健康安全目标的修改需求。

（3）管理评审的输入应包括以下 9 项内容。

　　1）内部审核和合规性评价的结果；

　　2）参与和协商的结果（见 4.4.3）；

　　3）来自外部相关方的相关沟通信息，包括投诉；

　　4）组织的职业健康安全绩效；

　　5）目标的实现程度；

　　6）事件调查、纠正措施和预防措施的状况；

7)以前管理评审的后续措施;

8)客观环境的变化,包括与职业健康安全有关的法律法规和其他要求的发展;

9)改进建议。

(4)管理评审的输出应符合组织持续改进的承诺,并应包括以下决策和措施:

1)职业健康安全绩效;

2)职业健康安全方针和目标;

3)资源;

4)其他职业健康安全管理体系要素。

(5)应保存管理评审记录,管理评审的相关输出应可供沟通和协商。

【举例】

(1)评审频次:应按策划的时间间隔,一般不超过12个月,也可根据组织需求适时进行。

(2)评审方法:一般是由组织最高管理者主持召开有各部门领导、职业健康安全管理体系管理人员参加的评审会议,也可以结合其他活动的多种方式进行。

(3)一般情况下,管理评审应保留以下形成文件的信息。

1)管理评审计划;

2)管理评审计划发放登记表;

3)管理评审会议签到表;

4)管理评审会议会议记录;

5)各部门职业健康安全管理体系运行工作汇总(即管理评审输入资料);

6)管理评审报告;

7)管理评审报告发放登记表;

8)管理评审整改要求(应附有整改措施实施情况的跟踪记录)。

【审核要求】

(1)最高管理者是否按照计划的时间间隔,对职业健康安全管理体系进行了管理评审,以确保建立的职业健康安全管理体系能持续保持适宜性、充分性和有效性。

(2)查阅管理评审的有关记录,审核组织的职业健康安全管理体系管理评审活动是否符合标准的要求。

(3)对管理评审中提出要改进的问题,是否及时进行了整改;对采取的纠正和纠正措施,现场验证其实施的有效性。

(4)根据管理评审的输出要求,是否带来了职业健康安全管理体系的改进。

第三章 危险源辨识、风险评价和风险控制的确定

第一节 危险源产生的本质

1.危险源的本质

危险源是可能导致人身伤害和（或）健康损害的根源、状态或行为，或其组合。危险源尽管种类繁多，在不同行业的表现形式也各不相同，但从本质上讲，其之所以造成风险，均可归结为存在能量、有害物质和能量及有害物质的失控两方面因素的综合作用，导致能量的意外释放或有害物质泄漏、散发的结果。所以危险的本质是存在能量、有害物质和能量及有害物质的失控。

2.危险源产生的两大因素

（1）存在能量、有害物质。

企业的生产活动就是将能量及相关的物质（原辅料也包含有害物质）转化为产品的过程，因而存在能量和有害物质是不可以避免的，这就是所谓的第一类危险源。它是危险产生的物质基础和内在原因。它一般决定造成人身伤害或健康损害后果的严重性。

  1）能量：一切产生能量的能源的载体在一定条件下都可能是危险源。机械压力、加工机床运转部件和工件的动能，吊起重物（高处作业）的势能，各种热加工高温作业的热能、光能，各种电器的电能、辐射能，噪声的声能，锅炉、压力容器一旦爆炸产生的冲击波和温度、压力等，静止的工件棱角、毛刺、地面之所以能伤害人体，是人体相对摔倒时动能、势能造成的。这些能量在一定条件下都能造成各类事故。

  2）有害物质：工业粉尘、有害物质、腐蚀物质、窒息性气体，当它们直接与人体或物体发生接触，能损伤人体的生理机能和正常的生理代谢功能，破坏物体和物品的效能，导致人员的死亡、职业病、健康损害等。比如作为原辅料的铸造的硅砂，涂装的苯系涂料、钢材预处理的酸碱溶液，生产过程生成的焊接粉尘，磨削油烟，工业炉窑的烟尘等。

（2）能量和有害物质的失控。

生产中，企业通过工艺流程和工艺装置使能量、物质（包括有害物质）按人们的意愿在系统中流动、转换、生产产品，但同时也必须采取必要的控制措施，约束、限制这些能量和有害物质的意外释放。一旦发生失控，就会发生能量和有害物质的意外释放，从而导致人身伤害或健康损害，甚至人员伤亡。所以，失控也是一种危险源，所谓的第二类危险源，它决定了危险事件发生的可能性大小。

造成失控的原因主要有以下四方面。

1）设备故障。

①设备（包括生产系统、设备、控制系统、安全装置、辅助设施等及其元器件）由于性能低下而不能实现预定功能的现象；

②压力机保护装置失灵造成断指伤害；

③车床卡盘失效造成工件飞逸伤人；

④电器绝缘损坏造成漏电伤害；

⑤涂装通风装置故障造成作业现场苯系物浓度超标；

⑥起重机械的限位装置失效造成重物坠落伤人；

⑦泄压安全装置故障造成压力容器破裂，有害物质泄漏散发、易燃气体泄漏发生火灾；

⑧车辆制动系统失灵造成交通事故等。

2）人员失误。

①现场操作人员的行为结果偏离了作业标准要求或安全惯例，使事故有可能或有机会发生；

②在手未离开冲头工作范围时，误踏压力机开关造成断指；

③不按规定装卡工件，致使车削工件飞逸伤人；

④在焊接、涂装、铸件清理等作业中不按规定佩戴防护用具；

⑤在设备检修时，误开开关使检修中的线路漏电、设备意外启动；

⑥在起重作业中，吊锁具使用不当、吊重挂绑方式不当，使钢丝绳断裂、吊重失效坠落等。

3）管理缺陷。

①物的管理缺陷：作业现场、作业环境的安排设置不合理，防护用品缺少，危险标识不全、不准确等；

②人的管理缺陷：教育、培训不够，对作业任务安排不当等；

③规章制度缺陷：作业程序、工艺流程、操作规程制定的不合理等。

4）环境缺陷。

①作业场所的温度、湿度、通风、照明、换气、视野、色彩、噪声、振动等环境条件本身就是危险源，而且它们也是引起人员失误或设备故障的重要原因；

②在阴雨潮湿的季节，使用手持电动工具，如果防护不当很容易漏电，造成操作者触电；

③在雾天野外起重作业，由于视野不良、照明不好、信号辨识不清，很容易引起操作或指挥失误而发生事故。

第二节　危险源分类

人员伤害和健康损害事件的发生往往是上述两类危险源共同作用的结果。第一类危险源是人员伤害和健康损害事件发生的能量主体，决定事件后果的严重程度；第二类危险源是人员伤害和健康损害事件发生的必要条件，决定事件发生的可能性。两类危险源互相关联、相互依存。第一类危险源是第二类危险源出现的前提,第二类危险源是第一类危险源导致人员伤害和健康损害事件的必要外因。

因此,危险源辨识的首要任务是辨识第一类危险源,在此基础上再辨识第二类危险源。

目前主要的几种危险源分类包括《职业健康安全管理体系　实施指南》(GB/T 28002—2011)、《生产过程危险和有害因素分类与代码》(GB/T 13861—2009)、《企业职工伤亡事故分类》(GB 6441—86)、《职业病目录》中有关职业病分类的方法等,组织宜结合自身的实际情况,挑选适合组织自身的分类方法(推荐使用《生产过程危险和有害因素分类与代码》GB/T 13861—2009)开展危险源辨识工作。

1.导致事故和职业病危害的直接原因(危害因素)分类

GB/T 3861—2009《生产过程危险和有害因素分类与代码》中按危害因素分类见表3.1。

表 3.1　生产过程危险和有害因素分类与代码汇总表

大　类	中　类	小　类	细　类
人的因素	2	10	22
物的因素	3	30	88
环境因素	4	45	45
管理因素	6	10	10
合　　计	15	95	165

(1)人的因素:22类(见表3.2)。

表 3.2　人的因素

序　号	因　素	序　号	因　素
1	体力负荷超限	12	辨识错误
2	听力负荷超限	13	其他辨识功能缺陷
3	视力负荷超限	14	其他心理、生理性危险和有害因素
4	其他负荷超限	15	指挥失误
5	健康状况异常	16	违章指挥
6	从事禁忌作业	17	其他指挥错误
7	情绪异常	18	误操作
8	冒险心理	19	违章操作
9	过度紧张	20	其他操作错误
10	其他心理异常	21	监护失误
11	感知延迟	22	其他行为性危险和有害因素

（2）物的因素：88 类（见表 3.3）。

表 3.3　物的因素

序　号	因　素	序　号	因　素
1	强度不够	30	流体动力性振动
2	刚度不够	31	其他振动危害
3	稳定性差	32	电离辐射
4	密封不良	33	紫外辐射
5	耐腐蚀性差	34	激光辐射
6	应力集中	35	微波辐射
7	外形缺陷	36	超高频辐射
8	外露运动件	37	高频电磁场
9	操纵器缺陷	38	工频电场
10	制动器缺陷	39	抛射物
11	控制器缺陷	40	飞溅物
12	设备、设施、工具、附件其他缺陷	41	坠落物
13	无防护	42	反弹物
14	防护装置、设施缺陷	43	土、岩滑动
15	防护不当	44	料堆（垛）滑动
16	支撑不当	45	气流卷动
17	防护距离不够	46	其他运动物伤害
18	其他防护缺陷	47	明火
19	带电部位裸露	48	高温气体
20	漏电	49	高温液体
21	静电和杂散电流	50	高温固体
22	电火花	51	其他高温物体
23	其他电伤害	52	低温气体
24	机械性噪声	53	低温液体
25	电磁性噪声	54	低温固体
26	流体动力性噪声	55	其他低温物体
27	其他噪声	56	无信号设施
28	机械性振动	57	信号选用不当
29	电磁性振动	58	信号位置不当

续 表

序　号	因　素	序　号	因　素
59	信号不清	74	易燃物品
60	信号显示不准	75	氧化剂和有机过氧化物
61	其他信号缺陷	76	有毒品
62	无标志	77	放射性物品
63	标志不清晰	78	腐蚀品
64	标志不规范	79	粉尘与气溶胶
65	标志选用不当	80	致病微生物
66	标志位置缺陷	81	细菌
67	其他标志缺陷	82	病毒
68	有害光照	83	真菌
69	其他物理性危险和有害因素	84	其他致病微生物
70	爆炸品	85	传染病媒介物
71	压缩气体和液化气体	86	致害动物
72	易燃液体	87	致害植物
73	易燃固体、自然物品和遇湿	88	其他生物性危险和有害因素

（3）环境因素：45类（见表3.4）。

表 3.4　环境因素

序　号	因　素	序　号	因　素
1	室内地面滑	11	作业场所空气不良
2	室内作业场所狭窄	12	室内温度、湿度、气压不适
3	室内作业场所杂乱	13	室内给、排水不良
4	室内地面不平	14	室内涌水
5	室内梯架缺陷	15	其他室内作业场所环境不良
6	地面、墙和天花板上的开口缺陷	16	恶劣气候与环境
7	房屋地基下沉	17	作业场地和交通设施湿滑
8	室内安全通道缺陷	18	作业场地狭窄
9	房屋安全出口缺陷	19	作业场地杂乱
10	采光照明不良	20	作业场地不平

续 表

序 号	因 素	序 号	因 素
21	航道狭窄、有暗礁或险滩	34	隧道/矿井顶面缺陷
22	脚手架、阶梯和活动梯架缺陷	35	隧道/矿井正面或侧壁缺陷
23	地面开口缺陷	36	隧道/矿井地面缺陷
24	建筑物和其他结构缺陷	37	地下作业面空气不良
25	门和围栏缺陷	38	地下火
26	作业场地基础下沉	39	冲击地压
27	作业场地安全通道缺陷	40	地下水
28	作业场地安全出口缺陷	41	水下作业供氧不当
29	作业场地光照不良	42	其他地下(含水下)作业环境不良
30	作业场地空气不良	43	强迫体位
31	作业场地温度湿度、气压不适	44	综合性作业环境不良
32	作业场地涌水	45	以上未包括的其他作业环境不良
33	其他室外作业场地环境不良		

(4)管理因素:10 类(见表 3.5)。

表 3.5 管理因素

序 号	因 素
1	职业安全卫生组织机构不健全
2	职业安全卫生责任制未落实
3	建设项目"三同时"制度未落实
4	操作规程不规范
5	事故应急预案及响应缺陷
6	培训制度不完善
7	其他职业安全卫生管理规章制度不健全
8	职业安全卫生投入不足
9	职业健康管理不完善
10	其他管理因素缺陷

　　2.GB/T 28002—2011 附录 C 列出的 28 种导致事故和职业病危害的危险源

(1)物理危险源。

　　1)溜滑或不平坦的场地;

　　2)高空作业;

　　3)高空物体坠落;

　　4)作业空间不足;

　　5)未考虑人的因素(例如工作场所设计未考虑人因);

　　6)手工搬运;

　　7)重复性工作;

　　8)陷阱、缠绕、烧伤和其他因设备产生的危险源;

　　9)在旅行时或作为行人,无论是在道路上还是在生产经营场所或位置的运输危险源
　　　(与运输工具的速度和外部特征以及道路环境相关联);

　　10)火灾和爆炸(与易燃物质的数量和性质相关联);

　　11)可造成伤害的能源,如电、辐射、噪声、振动等(与所涉及的能源的数量大小相
　　　关联);

　　12)能快速释放并对身体造成伤害的储存能量(与能量的数量大小相关联);

　　13)能导致上肢失调的频繁重复性任务(与任务的持续时间向关联);

　　14)能导致体温过低或热应激的不适热环境;

　　15)造成员工身体伤害的暴力(与施害的性质相关联);

　　16)非电离辐射(如光、磁、无线电波等);

(2)化学危险源,因以下情况而危害健康或安全的物质。

　　1)吸入烟雾、气体或尘粒;

　　2)身体接触或被身体完全吸收;

　　3)摄取;

　　4)物料的储存、不相容或退化。

(3)生物危险源,生物制剂、过敏源或病菌(例如细菌或病毒)。

　　1)被吸入;

　　2)经接触传染,包括经由体液(如针头扎伤、昆虫叮咬等)传染;

　　3)被摄取(如通过受污染的食品)。

(4)社会心理危险源,能导致负面社会心理(包括精神等)状态的情况,例如因以下情况而
产生的应激(包括创伤后应激等)、焦虑、疲劳、沮丧。

　　1)工作量过度;

　　2)缺乏沟通或管理控制;

　　3)工作场所物理环境;

　　4)身体暴力;

　　5)胁迫或恐吓。

　　3.从导致职工伤亡的事故,追溯产生事故的原因

　　根据 GB 6411—86《企业职工伤亡事故分类》综合考虑起因物、引起事故的先发性的诱导
性原因、致害物伤害方式等,将事故类别分为 20 类。

1)物体打击;

2)车辆伤害;

3)机械伤害;

4)起重伤害;

5)触电;

6)淹溺;

7)灼烫;

8)火灾;

9)高处坠落;

10)坍塌;

11)冒顶片帮;

12)透水;

13)放炮;

14)火药爆炸;

15)瓦斯爆炸;

16)锅炉爆炸;

17)容器爆炸;

18)其他爆炸;

19)中毒和窒息;

20)其他伤害。

4.从引发员工的职业病,追溯健康损害的原因

根据国家公布的职业病目录,有 10 类共 115 种职业病:

1)尘肺(13 种);

2)职业性放射性疾病(11 种);

3)职业中毒(56 种);

4)物理因素所致职业病(5 种);

5)生物因素所致职业病(3 种);

6)职业性皮肤病(8 种);

7)职业性眼病(3 种);

8)职业性耳鼻喉口腔疾病(3 种);

9)职业性肿瘤(8 种);

10)其他职业病(5 种)。

第三节 危险源的辨识

危险源辨识是识别危险源的存在并确定其特性的过程。危险源辨识的方法很多,每一种方法都有其目的以及应用的范围。本节介绍几种用于建立职业健康安全管理体系的辨识方法。

(1)询问、交谈:召集组织内有经验的人座谈、讨论、辨识工作中的危害,分析出危险源。

（2）现场观察：组织具有安全技术知识和掌握职业健康安全法规、标准的人，通过对工作环境的现场观察、巡视、检查，发现存在的危险源。

（3）查阅记录：查阅组织的事故、职业病的记录，可从中发现存在的危险源。

（4）获取外部信息：从有关类似组织、文献资料、专家咨询等方面获取有关危险源信息，加以分析研究，可辨识出组织存在的危险源。

（5）工作任务分析：通过分析组织成员工作任务中所涉及的危害，可识别出有关危险源。

（6）过程分析方法：通过策划可把产品实现过程分解成相互关联的小过程及活动，对其中每个过程或活动分析其输入、输出及其增值转换过程中产生和可能产生的危险源。

（7）安全检查表（SLL）：运用已编制好的安全检查表，对组织进行系统的安全检查，可辨识出存在的危险源。

（8）事件树分析（ETA）：从开始原因事件起，分析各环节事件"成功"（正常）或"失败"（失效）的发展变化过程，并预测各种可能结果的方法，也叫时序逻辑分析判断法，通过对系统各环节事件的分析，可辨识出系统的危险源。

（9）故障树分析（FTA）：根据系统可能发生或已经发生的事故结果，去寻找与事故发生有关的原因、条件和规律。通过这样一个分析过程，可辨识出系统中导致事故发生的危险源。

（10）危险与可操作性研究（HAZOP）：对过程中的危险源实行严格审查和控制的技术，它通过指导语句和标准格式或寻找工艺偏差，以辨识出系统存在的危险源，并确定控制危险源风险的对策。

上述几种辨识危险源的方法，有各自的特点，也有各自的适用范围或局限性。因此，组织在辨识危险源的过程中，使用一种方法往往不足以全面识别所有危险源，应根据实际需要综合运用以上多种方法。

某石化企业危险源识别举例：

（1）危险源辨识的主要内容 1——厂址。

从厂址的工程地质、地形、自然灾害、周围环境、气象条件、资源交通、抢险救灾支持条件等方面进行分析。

（2）危险源辨识的主要内容 2——厂区平面图。

    1）总图：功能分区（生产、管理、辅助生产、生活区）布置；高温、有害物质、噪声、辐射、易燃、易爆、危险品设施布置；工艺流程布置；建筑物、构筑物布置；风向、安全距离、卫生防护距离等。

    2）运输线路及码头：厂区道路、厂区铁路、危险品装卸区、厂区码头。

（3）危险源辨识的主要内容 3——生产工艺过程。

物料（毒性、腐蚀性、燃爆性）、温度、压力、速度、作业及控制条件、事故及失控状态。

（4）危险源辨识的主要内容 4——生产设备、装置。

    1）化工设备、装置：高温、低温、腐蚀、高压、振动、关键部位的备用设备、控制、操作、检修和故障、失误时的紧急异常情况。

    2）机械设备：运动零部件和工件、操作条件、检修作业、误运转和误操作。

    3）电气设备：断电、触电、火灾、爆炸、误运转和误操作，静电、雷电。

    4）危险性较大设备、高处作业设备。

5)特殊单体设备、装置:锅炉房、乙炔站、氧气站、石油库、危险品库等。

（5）危险源辨识的主要内容 5——其他。

1)粉尘、毒物、噪声、振动、辐射、高温、低温等有害作业部位。

2)工时制度、女职工劳动保护、体力劳动强度。

3)管理设施、事故应急抢救设施和辅助生产、生活卫生设施。

第四节　风 险 评 价

风险是发生危险事件或有害暴露的可能性，与随之引发的人身伤害或健康损害的严重性的组合。风险评价是对危险源导致的风险进行评估、对现有控制措施的充分性加以考虑以及对风险是否可接受予以确定的过程。可接受风险是指已降至组织根据其法律义务、职业健康安全方针和目标而愿意承担的程度的风险。

关于危险源评价的方法没有统一的规定，目前已开发出数十种评价方法。风险评价具有鲜明的行业特点，不同行业各不相同。有的行业只需定性或简单的定量评价就可以了，而有的行业可能需要复杂的定量分析。究竟选用何种风险评价方法，组织应根据其需要和工作场所的具体情况而定。

在许多情况下，职业健康安全风险可用简单方法进行评价，也可能仅定性评价。由于几乎不依赖于定量数据，因此，这些方法通常包含很大的判断成分。在某些情况下，这些方法可作为初始筛选工具，以确定何处需要更详尽的评价。

常用风险评价的方法举例：

1)是非判断法；

2)安全检查表；

3)作业条件危险性评价法（LEC）；

4)矩阵法；

5)预先危害分析（PHA）；

6)风险概率评价法（PRA）；

7)危险可操作性研究（HAZOP）；

8)事件树分析（ETA）；

9)故障树分析（FTA）；

10)头脑风暴法等。

组织在选择风险评价方法时，应结合自身行业的特点，广泛考虑组织自身的人员能力、工艺特点、资源支持以及是否简单可靠来确定。

下面介绍职业健康安全管理体系建立时常用的是非判断法和作业条件危险性评价法。

（1）是非判断法。

当组织的危险源及可能产生的后果符合下列 4 种情况之一时，则直接定为重要危险源，所对应的风险即为不可接受风险。

1)不符合职业健康安全法规、标准的；

2)直接观察到存在潜在重大风险（泄漏、爆炸、火灾等）的；

3)曾经发生过事故、尚无合理有效控制措施的；

　　4)相关方有合理的反复抱怨或迫切要求的。

（2）作业条件危险性评价法。

定量计算每一种危险源所带来的风险的公式为

　　　　$D=LEC$ 风险性分值＝事故可能性(L)×暴露频率(E)×后果严重性(C)

D——风险值；

L——发生事故的可能性大小；

E——暴露于危险环境的频繁程度；

C——发生事故产生的后果。

从系统安全角度考虑，绝对不发生事故是不可能的，所以人为地将发生的可能性极小的事故的分数定为 0.1，而必然要发生的事故的分数定为 10，介于这两种情况之间的分数定为若干中间值（见表 3.6）。

表 3.6　发生事故的可能性（L）

分数值	事故发生的可能性	注　释
10	完全可以预料	每月发生
6	相当可能	每季度发生
3	可能，但不经常	每年发生
1	可能性小，完全意外	偶尔或一年以上发生
0.5	很不可能，可以设想	
0.2	极不可能	
0.1	实际不可能	

　　人员出现在危险环境中的时间越长，则危险性越大。规定连续出现在危险环境的情况分数定为 10，而非常罕见地出现在危险环境中的分数定为 0.5，介于这两种情况之间的分数定为若干个中间值（见表 3.7）。

表 3.7　暴露于危险环境的频繁程度（E）

分数值	暴露于危险环境的频繁程度	备　注
10	连续暴露	每天连续 20 小时以上
6	每天工作时间内暴露	8 小时内
3	每周暴露一次	
2	每月暴露一次	
1	每年暴露几次	
0.5	非常罕见地暴露	

　　事故造成的人身伤害和健康损害变化范围很大，所以规定分数为 1～100，把需要救护的轻微伤害的分数规定为 1，把造成多人死亡的分数规定为 100，其他情况的分数规定为 1～100

之间(见表 3.8)。

表 3.8　发生事故产生的后果(C)

分数值	发生事故产生的后果	备　　注
100	大灾难,许多人死亡	死亡 10 人以上
40	灾难,数人死亡	死亡 4~10 人
15	非常严重,一人死亡	
7	严重,重伤	部分丧失劳动能力、职业病,伤残等级 1~4 级
3	重大,致残	需住院治疗,伤残等级 5~8 级
1	引人注目,需要救护	皮外伤;短时间身体不适

关键是如何确定风险级别的界限值。目前大多数职业健康安全管理体系运行的组织是这样规定的:$D \geqslant 160$ 或 $C \geqslant 40$ 的危险源是重要危险源,对应的风险则是不可接受风险(见表 3.9)。

表 3.9　风险值(D)

风险值	危险程度
>320	极其危险,不能继续作业
160~320	高度危险,要立即整改
70~160	显著危险,需要整改
20~70	一般危险,需要注意
<20	稍有危险,可以接受

第五节　控制措施的确定

在完成风险评价和对现有控制措施加以考虑之后,组织宜能够确定现有控制措施是否充分或需要改进,或者是否需要采取新控制措施。

如果需要采取新控制措施或者需要对控制措施加以改进,则控制措施的选定宜遵循控制措施层级选择顺序原则:可行时首先消除危险源,其次是降低风险(或者通过减小事件发生的可能性,或者通过降低潜在的人身伤害或健康损害的严重程度),最后采用个体防护装备(PPE)。

应用控制措施层级选择顺序的示例:

(1)消除——改变设计以消除危险源,如引入机械提升装置以消除手举重物危险源等;

(2)替代——用低危害材料替代或降低系统能量(如较低的动力、电流、压力、温度等);

(3)工程控制措施——安装通风系统、机械防护、联锁装置、声罩等;

(4)标示、警告和(或)管理控制措施——安全标志、危险区域标识、发光照片标志、人行道标识、警告器或警告灯、报警器、安全程序、设备检查、准入控制措施、作业安全制度、标牌和工作许可证等；

（5）个体防护装备（PPE）——安全防护眼镜、听力保护器具、面罩、安全带和安全索、口罩和手套。

目前多数运行职业健康安全管理体系的组织，把风险控制措施总结为下述四方面。

（1）确立职业健康安全目标和指标，制定为实现其目标和指标的管理方案（见4.3.3）；

（2）建立、实施并保持形成文件的程序，进行运行控制（见4.4.6）；

（3）建立、实施并保持应急控制的程序，进行应急响应和准备（见4.4.7）；

（4）进行培训，提高职业健康安全意识（见4.4.2），减少和降低不必要的风险。

第四章　职业健康安全法律法规

第一节　中国职业健康安全法律法规体系

　　职业健康安全法律、法规是调整生产过程中所产生的同劳动者的安全和健康有关的各种社会关系的法律规范总和,如国家制定的各种职业安全健康方面的法律、条例、规程、决议、命令、规定或指示等规范性文件。它是人们在生产过程中的行为准则之一。早在新中国成立前夕通过的《中国人民政治协商会议共同纲领》中就规定"保护青工、女工的特殊利益。实行工矿检查制度以及改进工矿的安全卫生设备"。1982年《中华人民共和国宪法》第42条规定"加强劳动保护,改善劳动条件"。1987年全国劳动安全监察工作会议重申职业安全健康工作的方针为"安全第一,预防为主"。1992年11月,七届全国人大常委会第二十八次会议通过了《中华人民共和国矿山安全法》,这是我国第一部有关职业健康安全的法律,该法自1993年5月1日起正式施行。1994年7月5日,第八届全国人大常委会第八次会议通过的《中华人民共和国劳动法》,以劳动基本法的形式对劳动健康安全提出了基本要求。除《中华人民共和国劳动法》外,我国也已颁布多项与职业健康安全工作相关的专项法律。目前,已经形成以《中华人民共和国宪法》为基础,以《中华人民共和国劳动法》为主体的职业健康安全法规体系,如图4.1所示。

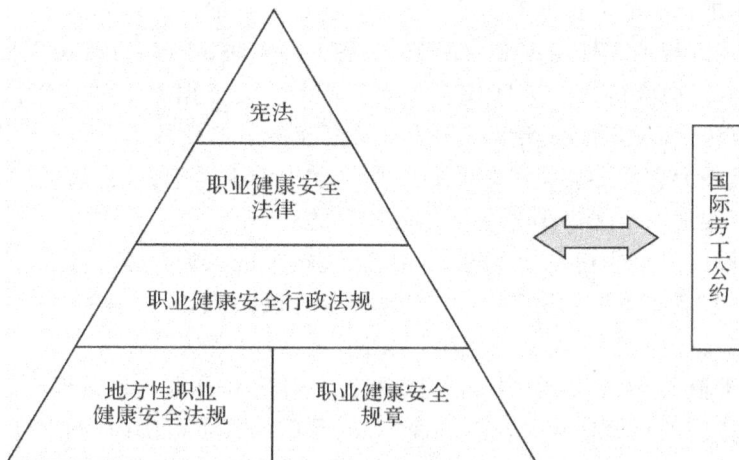

图 4.1　职业健康安全法规表现形式及法规体系

1.职业健康安全法规

职业健康安全法规从形式上主要表现为以下几种。

（1）宪法：中国职业健康安全法规的首要形式。宪法在所有法律形式中居于最高地位，是根本大法，具有最高的法律地位。

《中华人民共和国宪法》第42条规定："中华人民共和国公民有劳动的权利和义务。国家通过各种途径，创造劳动就业条件，加强劳动保护，改善劳动条件，并在发展生产的基础上，提高劳动报酬和福利待遇。国家对就业前的公民进行必要的劳动就业训练。"第43条规定："中华人民共和国劳动者有休息的权利。国家发展劳动者休息和休养的设施，规定职工的工作时间和休假制度。"第48条规定："国家保护妇女的权利和利益……"宪法中所有这些规定，是我国职业健康安全立法的法律依据和指导原则。《中华人民共和国劳动法》《中华人民共和国安全生产法》《中华人民共和国职业病防治法》规定了中国职业健康安全法规的基本内容。

（2）法律：根据《中华人民共和国立法法》规定，全国人民代表大会及其常委会行使国家立法权。全国人民代表大会制定和修改刑事、民事、国家机构的和其他的基本法律。全国人大常委会制定和修改除应当由全国人民代表大会制定的法律以外的其他法律；法律通过后由国家主席签署令予以公布。签署公布法律的主席令应载明该法律的制定机关、通过和施行日期。法律签署公布以后，及时在全国人民代表大会常务委员会公报和在全国范围内发行的报纸上刊登。在常务委员会公报上刊登的法律文本为标准文本。

职业健康安全法律是由全国人大及其常务委员会制定的职业健康安全方面的法律规范性文件的统称。其法律地位和法律效力仅次于宪法。如《中华人民共和国安全生产法》《中华人民共和国职业病防治法》《中华人民共和国消防法》《中华人民共和国劳动法》。

（3）行政法规：国务院根据宪法和法律，制定行政法规。国务院有关部门认为需要制定行政法规，应当向国务院报请立项。行政法规由总理签署国务院令公布，并及时在国务院公报和在全国范围内发行的报纸上刊登。在国务院公报上刊登的行政法规为标准文本。

职业健康安全行政法规是指由国务院制定的职业健康安全方面的各类条例、办法、规定、实施细则、决定等。如：《安全生产许可证条例》《特种设备安全监督条例》《使用有毒物品作业场所劳动保护条例》《危险化学品安全管理条例》《易制毒化学品管理条例》。

（4）地方性法规：《中华人民共和国立法法》规定，省、自治区、直辖市的人民代表大会及其常委会根据本行政区域的具体情况和实际需要，在不同宪法、法律、行政法规相抵触的前提下，可以制定地方法规。较大的市的人民代表大会及其常委会根据本市的具体情况和实际需要，在不同宪法、行政法规和本省、自治区的地方性法规相抵触的前提下，可以制定地方性法规，报省、自治区人民代表大会常委会批准后施行。所称较大的市是指省、自治区的人民政府所在地的市，经济特区所在地的市和经国务院批准的较大的市。

地方性职业健康安全法规是指由省、自治区、直辖市的人民代表大会及其常务委员会，为执行和实施宪法、职业健康安全法律、职业健康安全行政法规，根据本行政区域的具体情况和实际需要，在法定权限内制定、发布的规范性文件，经常以"条例""办法""规定"等形式出现。

（5）规章：国务院各部、委员会、中国人民银行、审计署和具有行政管理职能的直属机构，可以根据法律和国务院的行政法规、决定、命令，在本部门的权限范围内，制定规章。省、自治区、直辖市和较大的市的人民政府，可以根据法律、行政法规和本省、自治区、直辖市的地方性法规，制定规章。部门规章由部门首长签署命令予以公布。地方政府规章由省长或者自治区主席或者市长签署命令予以公布。部门规章签署公布后，及时在国务院公报或者部门公报和在全国范围内发行的报纸上刊登。地方规章签署公布后，及时在本级人民政府公报和在本行政区域范围内发行的报纸上刊登。在各类公报上刊登的文本为标准文本。

职业健康安全规章是指由国务院所属部委以及有权的地方政府在法律规定的范围内,依权制定、颁布的有关职业健康安全行政管理的规范性文件。如《职业健康安全监护管理办法》《职业病诊断与鉴定管理办法》《食物中毒事故处理办法》。

(6)经我国批准生效的国际劳工公约,也是我国职业健康安全法规形式的重要组成部分。国际劳工公约,是国际职业健康安全法律规范的一种形式,它不是由国际劳工组织直接实施的法律规范,而是采用会员国批准,并由会员国作为制定国内职业健康安全法规依据的公约文本。国际劳工公约经国家权力机关批准后,批准国应采取必要的措施使该公约发生效力,并负有实施已批准的劳工公约的国际法义务。新中国成立后批准的条约有《作业场所安全使用化学品公约》《三方协商促进履行国际劳工标准公约》等。

2.职业健康安全标准

为了更好地促进我国职业健康安全的规范化管理,在各类职业健康安全法律法规的基础上,国务院有关部门按照安全生产的要求,依法制定了许多职业健康安全的国家标准或者行业标准,有关职业健康安全检测方法标准,在开展职业健康安全认证和监督检查工作中,实际上起着强制性标准的效力。职业健康安全标准为职业健康安全法规的实施、操作提供了具体要求。

中国现行的职业健康安全标准体系,主要由国家标准、行业标准、地方标准和企业标准组成,如图4.2所示。

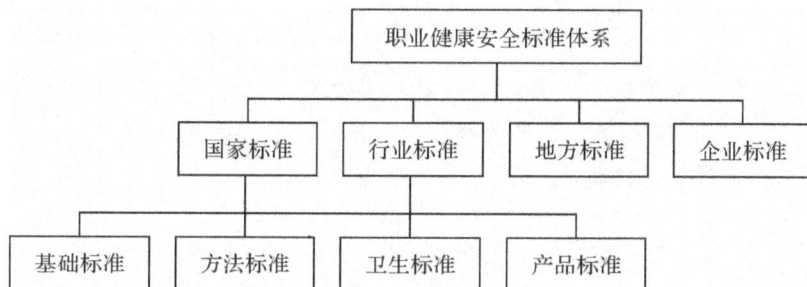

图 4.2 职业健康安全标准体系

基础标准,如 GB 6441—86《企业职工伤亡事故分类》,LD/T 1—91《作业防护用品分类与代码》;

方法标准,如 GB 57481—85《作业场所粉尘测定方法》,GB 6721—86《企业职工伤亡事故经济损失统计标准》;

卫生标准,如 GBZ 1—2002《工业企业设计卫生标准》,GB 10329—89《车间空气中皮毛粉尘卫生标准》;

产品标准,如 GB 4014—83《安全皮鞋》,GB 6095—85《安全带》等。

第二节 主要职业健康安全法律法规及相关要求

一、《中华人民共和国安全生产法》(2014 年修订)及相关要求介绍

《中华人民共和国安全生产法》是第九届全国人民代表大会常务委员会第二十八次会议于

2002 年 6 月 29 日通过的,是中华人民共和国主席第 70 号令,自 2002 年 11 月 1 日起施行。2009 年 8 月 27 日第十一届全国人民代表大会常务委员会第十次会议对该法进行了修订。根据 2014 年 8 月 31 日第十二届全国人民代表大会常务委员会关于修改《中华人民共和国安全生产法》的决定修正,自 2014 年 12 月 1 日起施行。全法共 7 章 97 条。第一章总则,第二章生产经营单位的安全生产保障,第三章从业人员的权利和义务,第四章安全生产的监督管理,第五章生产安全事故的应急救援与调查处理,第六章法律责任,第七章附则。归纳起来主要包括 7 个方面的内容,一是强调企业是安全生产的主体,企业法定代表人是安全生产的第一责任者;二是企业要建立各项保障制度;三是从业人员享有安全生产的权利,还有应尽的义务;四是对政府作为安全监督主体的要求;五是安全生产要靠社会监督;六是安全中介机构的服务;七是对生产事故救援和调查处理做了规定。需要熟悉并掌握的内容包括生产经营的安全保障,从业人员的权利和义务,生产安全事故的应急救援与调查处理,安全生产法律责任。

1. 生产经营单位的安全生产保障

第三条　安全生产管理,坚持安全第一、预防为主的方针。

第五条　生产经营单位的主要负责人对本单位的安全生产工作全面负责。

第六条　生产经营单位的从业人员有依法获得安全生产保障的权利,并应当依法履行安全生产方面的义务。

第十条　生产经营单位必须执行依法制定的保障安全生产的国家标准或者行业标准。

第十六条　生产经营单位应当具备本法和有关法律、行政法规和国家标准或者行业标准规定的安全生产条件。

第十七条　生产经营单位的主要负责人对本单位安全生产工作负有下列职责:

(一)建立、健全本单位安全生产责任制;

(二)组织制定本单位安全生产规章制度和操作规程;

(三)保证本单位安全生产投入的有效实施;

(四)督促、检查本单位的安全生产工作,及时消除生产安全事故隐患;

(五)组织制定并实施本单位的生产安全事故应急救援预案;

(六)及时、如实报告生产安全事故。

第十八条　生产经营单位应当具备安全生产条件所必需的资金投入。

第十九条　矿山、建筑施工单位和危险物品的生产、经营、储存单位,应当设置安全生产管理机构或者配备专职安全生产管理人员。

前款规定以外的其他生产经营单位,从业人员超过三百人的,应当设置安全生产管理机构或者配备专职安全生产管理人员;从业人员在三百人以下的,应当配备专职或者兼职的安全生产管理人员,或者委托具有国家规定的相关专业技术资格的工程技术人员提供安全生产管理服务。

第二十条　生产经营单位的主要负责人和安全生产管理人员必须具备与本单位所从事的生产经营活动相应的安全生产知识和管理能力。

危险物品的生产、经营、储存单位以及矿山、建筑施工单位的主要负责人和安全生产管理人员,应当由有关主管部门对其安全生产知识和管理能力考核合格后方可任职。

第二十一条　生产经营单位应当对从业人员进行安全生产教育和培训,保证从业人员具备必要的安全生产知识,熟悉有关的安全生产规章制度和安全操作规程,掌握本岗位的安全操作技能。未经安全生产教育和培训合格的从业人员，不得上岗作业。

第二十二条　生产经营单位采用新工艺、新技术、新材料或者使用新设备，必须了解、掌握其安全技术特性，采取有效的安全防护措施，并对从业人员进行专门的安全生产教育和培训。

第二十三条　生产经营单位的特种作业人员必须按照国家有关规定经专门的安全作业培训，取得特种作业操作资格证书，方可上岗作业。

第二十四条　生产经营单位新建、改建、扩建工程项目（以下统称建设项目）的安全设施，必须与主体工程同时设计、同时施工、同时投入生产和使用。

第二十五条　矿山建设项目和用于生产、储存危险物品的建设项目，应当分别按照国家有关规定进行安全条件论证和安全评价。

第二十八条　生产经营单位应当在有较大危险因素的生产经营场所和有关设施、设备上，设置明显的安全警示标志。

第二十九条　安全设备的设计、制造、安装、使用、检测、维修、改造和报废，应当符合国家标准或者行业标准。

生产经营单位必须对安全设备进行经常性维护、保养，并定期检测，保证正常运转。维护、保养、检测应当做好记录，并由有关人员签字。

第三十条　生产经营单位使用的涉及生命安全、危险性较大的特种设备，以及危险物品的容器、运输工具，必须按照国家有关规定，由专业生产单位生产，并经取得专业资质的检测、检验机构检测、检验合格，取得安全使用证或者安全标志，方可投入使用。

第三十二条　生产、经营、运输、储存、使用危险物品或者处置废弃危险物品的，由有关主管部门依照有关法律、法规的规定和国家标准或者行业标准审批并实施监督管理。

生产经营单位生产、经营、运输、储存、使用危险物品或者处置废弃危险物品，必须执行有关法律、法规和国家标准或者行业标准，建立专门的安全管理制度，采取可靠的安全措施，接受有关主管部门依法实施的监督管理。

第三十三条　生产经营单位对重大危险源应当登记建档，进行定期检测、评估、监控，并制定应急预案，告知从业人员和相关人员在紧急情况下应当采取的应急措施。

生产经营单位应当按照国家有关规定将本单位重大危险源及有关安全措施、应急措施报有关地方人民政府负责安全生产监督管理的部门和有关部门备案。

第三十五条　生产经营单位进行爆破、吊装等危险作业，应当安排专门人员进行现场安全管理，确保操作规程的遵守和安全措施的落实。

第三十七条　生产经营单位必须为从业人员提供符合国家标准或者行业标准的劳动防护用品，并监督、教育从业人员按照使用规则佩戴、使用。

第三十八条　生产经营单位的安全生产管理人员应当根据本单位的生产经营特点，对安全生产状况进行经常性检查；对检查中发现的安全问题，应当立即处理；不能处理的，应当及时报告本单位有关负责人。检查及处理情况应当记录在案。

2.从业人员的权利和义务

第四十四条　生产经营单位与从业人员订立的劳动合同，应当载明有关保障从业人员劳动安全、防止职业危害的事项，以及依法为从业人员办理工伤社会保险的事项。

生产经营单位不得以任何形式与从业人员订立协议，免除或者减轻其对从业人员因生产安全事故伤亡依法应承担的责任。

第四十五条　生产经营单位的从业人员有权了解其作业场所和工作岗位存在的危险因素、防范措施及事故应急措施,有权对本单位的安全生产工作提出建议。

第四十六条　从业人员有权对本单位安全生产工作中存在的问题提出批评、检举、控告;有权拒绝违章指挥和强令冒险作业。

第四十七条　从业人员发现直接危及人身安全的紧急情况时,有权停止作业或者在采取可能的应急措施后撤离作业场所。

第四十九条　从业人员在作业过程中,应当严格遵守本单位的安全生产规章制度和操作规程,服从管理,正确佩戴和使用劳动防护用品。

第五十条　从业人员应当接受安全生产教育和培训,掌握本职工作所需的安全生产知识,提高安全生产技能,增强事故预防和应急处理能力。

第五十一条　从业人员发现事故隐患或者其他不安全因素,应当立即向现场安全生产管理人员或者本单位负责人报告;接到报告的人员应当及时予以处理。

3. 生产安全事故的应急救援与调查处理

第六十九条　危险物品的生产、经营、储存单位以及矿山、建筑施工单位应当建立应急救援组织;生产经营规模较小,可以不建立应急救援组织的,应当指定兼职的应急救援人员。危险物品的生产、经营、储存单位以及矿山、建筑施工单位应当配备必要的应急救援器材、设备,并进行经常性维护、保养,保证正常运转。

第七十条　生产经营单位发生生产安全事故后,事故现场有关人员应当立即报告本单位负责人。

单位负责人接到事故报告后,应当迅速采取有效措施,组织抢救,防止事故扩大,减少人员伤亡和财产损失,并按照国家有关规定立即如实报告当地负有安全生产监督管理职责的部门,不得隐瞒不报、谎报或者拖延不报,不得故意破坏事故现场、毁灭有关证据。

第七十三条　事故调查处理应当按照实事求是、尊重科学的原则,及时、准确地查清事故原因,查明事故性质和责任,总结事故教训,提出整改措施,并对事故责任者提出处理意见。事故调查和处理的具体办法由国务院制定。

第七十四条　生产经营单位发生生产安全事故,经调查确定为责任事故的,除了应当查明事故单位的责任并依法予以追究外,还应当查明对安全生产的有关事项负有审查批准和监督职责的行政部门的责任,对有失职、渎职行为的,依照本法第七十七条的规定追究法律责任。

第七十五条　任何单位和个人不得阻挠和干涉对事故的依法调查处理。

4. 安全生产法律责任

第七十九条　承担安全评价、认证、检测、检验工作的机构,出具虚假证明,构成犯罪的,依照刑法有关规定追究刑事责任;尚不够刑事处罚的,没收违法所得,违法所得在五千元以上的,并处违法所得两倍以上五倍以下的罚款,没有违法所得或者违法所得不足五千元的,单处或者并处五千元以上两万元以下的罚款,对其直接负责的主管人员和其他直接责任人员处五千元以上五万元以下的罚款;给他人造成损害的,与生产经营单位承担连带赔偿责任。对有前款违法行为的机构,撤销其相应资格。

第八十条至第九十五条对违反安全生产法的法律责任做出了明确的规定。

5. 附则

第九十六条　本法下列用语的含义:

危险物品,是指易燃易爆物品、危险化学品、放射性物品等能够危及人身安全和财产安全的物品。

重大危险源,是指长期地或者临时地生产、搬运、使用或者储存危险物品,且危险物品的数量等于或者超过临界量的单元(包括场所和设施)。

二、《中华人民共和国职业病防治法》(2016年修订)及相关要求介绍

《中华人民共和国职业病防治法》是第九届全国人民代表大会常务委员会第二十四次会议于2001年10月27日通过的;根据2011年12月31日第十一届全国人民代表大会常务委员会第二十四次会议《关于修改〈中华人民共和国职业病防治法〉的决定》第一次修正;根据2016年7月2日第十二届全国人民代表大会常务委员会第二十一次会议《关于修改〈中华人民共和国节约能源法〉等六部法律的决定》第二次修正。

《中华人民共和国职业病防治法》分总则(方针),前期预防,劳动过程中的防护与管理,职业病诊断与职业病人保障,监督检查,法律责任和附则,共7章88条。

1.职业病范围和职业病防治方针

第二条　本法适用于中华人民共和国领域内的职业病防治活动。本法所称职业病,是指企业、事业单位和个体经济组织等用人单位的劳动者在职业活动中,因接触粉尘、放射性物质和其他有毒、有害因素而引起的疾病。职业病的分类和目录由国务院卫生行政部门会同国务院安全生产监督管理部门、劳动保障行政部门制定、调整并公布。

第三条　职业病防治工作坚持预防为主、防治结合的方针,建立用人单位负责、行政机关监管、行业自律、职工参与和社会监督的机制,实行分类管理、综合治理。

2.用人单位的义务和责任

第四条　劳动者依法享有职业卫生保护的权利。

用人单位应当为劳动者创造符合国家职业卫生标准和卫生要求的工作环境和条件,并采取措施保障劳动者获得职业卫生保护。

工会组织依法对职业病防治工作进行监督,维护劳动者的合法权益。用人单位制定或者修改有关职业病防治的规章制度,应当听取工会组织的意见。

第五条　用人单位应当建立、健全职业病防治责任制,加强对职业病防治的管理,提高职业病防治水平,对本单位产生的职业病危害承担责任。

第六条　用人单位的主要负责人对本单位的职业病防治工作全面负责。

第七条　用人单位必须依法参加工伤保险。

国务院和县级以上地方人民政府劳动保障行政部门应当加强对工伤保险的监督管理,确保劳动者依法享受工伤保险待遇。

3.前期预防

第十四条　用人单位应当依照法律、法规要求,严格遵守国家职业卫生标准,落实职业病预防措施,从源头上控制和消除职业病危害。

第十五条　产生职业病危害的用人单位的设立除应当符合法律、行政法规规定的设立条件外,其工作场所还应当符合下列职业卫生要求:

(一)职业病危害因素的强度或者浓度符合国家职业卫生标准;

(二)有与职业病危害防护相适应的设施;

（三）生产布局合理，符合有害与无害作业分开的原则；

（四）有配套的更衣间、洗浴间、孕妇休息间等卫生设施；

（五）设备、工具、用具等设施符合保护劳动者生理、心理健康的要求；

（六）法律、行政法规和国务院卫生行政部门、安全生产监督管理部门关于保护劳动者健康的其他要求。

第十六条　国家建立职业病危害项目申报制度。

用人单位工作场所存在职业病目录所列职业病的危害因素的，应当及时、如实向所在地安全生产监督管理部门申报危害项目，接受监督。

职业病危害因素分类目录由国务院卫生行政部门会同国务院安全生产监督管理部门制定、调整并公布。职业病危害项目申报的具体办法由国务院安全生产监督管理部门制定。

第十七条　新建、扩建、改建建设项目和技术改造、技术引进项目（以下统称建设项目）可能产生职业病危害的，建设单位在可行性论证阶段应当进行职业病危害预评价。

医疗机构建设项目可能产生放射性职业病危害的，建设单位应当向卫生行政部门提交放射性职业病危害预评价报告。卫生行政部门应当自收到预评价报告之日起三十日内，做出审核决定并书面通知建设单位。未提交预评价报告或者预评价报告未经卫生行政部门审核同意的，不得开工建设。职业病危害预评价报告应当对建设项目可能产生的职业病危害因素及其对工作场所和劳动者健康的影响做出评价，确定危害类别和职业病防护措施。建设项目职业病危害分类管理办法由国务院安全生产监督管理部门制定。

第十八条　建设项目的职业病防护设施所需费用应当纳入建设项目工程预算，并与主体工程同时设计，同时施工，同时投入生产和使用。

建设项目的职业病防护设施设计应当符合国家职业卫生标准和卫生要求。其中，医疗机构放射性职业病危害严重的建设项目的防护设施设计，应当经卫生行政部门审查同意后，方可施工。建设项目在竣工验收前，建设单位应当进行职业病危害控制效果评价。

医疗机构可能产生放射性职业病危害的建设项目竣工验收时，其放射性职业病防护设施经卫生行政部门验收合格后，方可投入使用；其他建设项目的职业病防护设施应当由建设单位负责依法组织验收，验收合格后，方可投入生产和使用。安全生产监督管理部门应当加强对建设单位组织的验收活动和验收结果的监督核查。

第十九条　国家对从事放射性、高毒、高危粉尘等作业实行特殊管理。具体管理办法由国务院制定。

4. 劳动过程中的防护与管理

第二十一条　用人单位应当采取下列职业病防治管理措施：

（一）设置或者指定职业卫生管理机构或者组织，配备专职或者兼职的职业卫生管理人员，负责本单位的职业病防治工作；

（二）制定职业病防治计划和实施方案；

（三）建立、健全职业卫生管理制度和操作规程；

（四）建立、健全职业卫生档案和劳动者健康监护档案；

（五）建立、健全工作场所职业病危害因素监测及评价制度；

（六）建立、健全职业病危害事故应急救援预案。

第二十三条　用人单位必须采用有效的职业病防护设施，并为劳动者提供个人使用的职业病防护用品。

第二十四条 用人单位应当优先采用有利于防治职业病和保护劳动者健康的新技术、新工艺、新设备、新材料。

第二十五条 产生职业病危害的用人单位,应当在醒目位置设置公告栏,公布有关职业病防治的规章制度,职业病危害因素检测结果。对产生严重职业病危害的作业岗位,应当在其醒目位置,设置警示标识和中文警示说明。

第二十六条 对可能发生急性职业损伤的有毒、有害工作场所,用人单位应当设置报警装置,配置现场急救用品、冲洗设备、应急撤离通道和必要的泄险区。

对职业病防护设备、应急救援设施和个人使用的职业病防护用品,用人单位应当进行经常性的维护、检修,定期检测其性能和效果,确保其处于正常状态,不得擅自拆除或者停止使用。

第二十七条 用人单位应当实施由专人负责的职业病危害因素日常监测,并确保监测系统处于正常运行状态。

定期对工作场所进行职业病危害因素检测、评价。检测、评价结果存入用人单位职业卫生档案,定期向所在地安全生产监督管理部门报告并向劳动者公布。

发现工作场所职业病危害因素不符合国家职业卫生标准和卫生要求时,用人单位应当立即采取相应治理措施。

第三十三条 用人单位对采用的技术、工艺、设备、材料,应当知悉其产生的职业病危害,对有职业病危害的技术、工艺、设备、材料隐瞒其危害而采用的,对所造成的职业病危害后果承担责任。

第三十四条 用人单位与劳动者订立劳动合同(含聘用合同)时,应当将工作过程中可能产生的职业病危害及其后果、职业病防护措施和待遇等如实告知劳动者,并在劳动合同中写明,不得隐瞒或者欺骗。

第三十五条 用人单位的主要负责人和职业卫生管理人员应当接受职业卫生培训,用人单位应当对劳动者进行上岗前的职业卫生培训和在岗期间的定期职业卫生培训,劳动者应当学习和掌握相关的职业卫生知识,增强职业病防范意识,遵守职业病防治法律、法规、规章和操作规程,正确使用、维护职业病防护设备和个人使用的职业病防护用品,发现职业病危害事故隐患应当及时报告。

5. 职业病与职业病人保障

第四十四条至第五十条规定了职业病诊断机构的要求、诊断应提供的材料,诊断应分析的因素以及诊断鉴定结果有异议的仲裁渠道。

第五十一条 用人单位和医疗卫生机构发现职业病病人或者疑似职业病病人时,应当及时向所在地卫生行政部门和安全生产监督管理部门报告。确诊为职业病的,用人单位还应当向所在地劳动保障行政部门报告。

第五十七条 用人单位应当保障职业病病人依法享受国家规定的职业病待遇。

用人单位应当按照国家有关规定,安排职业病病人进行治疗、康复和定期检查。

用人单位对不适宜继续从事原工作的职业病病人,应当调离原岗位,并妥善安置。

用人单位对从事接触职业病危害的作业的劳动者,应当给予适当岗位津贴。

6. 监督检查、法律责任及附则

第五章明确了国家各级职业卫生监督管理部门和安全生产监督管理部门监督检查的要求

及执法人员资格认定,违法的处罚规定。

第八十七条　本法下列用语的含义:

职业病危害,是指对从事职业活动的劳动者可能导致职业病的各种危害。职业病危害因素包括职业活动中存在的各种有害的化学、物理、生物因素以及在作业过程中产生的其他职业有害因素。

职业禁忌,是指劳动者从事特定职业或者接触特定职业病危害因素时,比一般职业人群更易于遭受职业病危害和罹患职业病或者可能导致原有自身疾病病情加重,或者在从事作业过程中诱发可能导致对他人生命健康构成危险的疾病的个人特殊生理或者病理状态。对医疗机构放射性职业病危害控制的监督管理,由卫生行政部门依照本法的规定实施。

三、《中华人民共和国劳动法》(1995 年实施)及相关要求介绍

《中华人民共和国劳动法》已由中华人民共和国第八届全国人民代表大会常务委员会第八次会议于 1994 年 7 月 5 日通过,自 1995 年 1 月 1 日起施行。共 13 章 107 条,对促进就业、劳动合同和集体合同、工作时间和休息休假、工资、劳动安全卫生、女职工和未成年工特殊保护、职业培训、社会保险和福利、劳动争议的处理等进行了规定。

《中华人民共和国劳动法》第七章"女职工和未成年工特殊保护"对女职工和未成年工特殊健康安全要求做出了法律规定:

第五十八条　未成年工是指年满十六周岁未满十八周岁的劳动者。

第五十九条　禁止安排女职工从事矿山井下、国家规定的第四级体力劳动强度的劳动和其他禁忌从事的劳动。

第六十条　不得安排女职工在经期从事高处、低温、冷水作业和国家规定的第三级体力劳动强度的劳动。

第六十一条　不得安排女职工在怀孕期间从事国家规定的第三级体力劳动强度的劳动和孕期禁忌从事的活动。对怀孕七个月以上的女职工,不得安排其延长工作时间和夜班劳动。

第六十三条　不得安排女职工在哺乳未满一周岁的婴儿期间从事国家规定的第三级体力劳动强度的劳动和哺乳期禁忌从事的其他劳动,不得安排其延长工作时间和夜班劳动。

第六十四条　不得安排未成年工从事矿山井下、有毒有害、国家规定的第四级体力劳动强度的劳动和其他禁忌从事的劳动。

第六十五条　用人单位应当对未成年工定期进行健康检查。

四、《中华人民共和国消防法》(2009 年实施)及相关要求介绍

《中华人民共和国消防法》已由中华人民共和国第十一届全国人民代表大会常务委员会第五次会议于 2008 年 10 月 28 日修订通过,自 2009 年 5 月 1 日起施行。本法共 7 章 74 条,第一章总则(方针),第二章火灾预防,第三章消防组织,第四章灭火救援,第五章监督检查,第六章法律责任,第七章附则。对于火灾预防、消防组织、灭火救援、监督检查等相关规定和要求予以了解和掌握。

1. 消防工作方针

第二条　消防工作贯彻预防为主、防消结合的方针,按照政府统一领导、部门依法监管、单位全面负责、公民积极参与的原则,实行消防安全责任制,建立健全社会化的消防工作网络。

2.火灾预防

第九条　建设工程的消防设计、施工必须符合国家工程建设消防技术标准。建设、设计、施工、工程监理等单位依法对建设工程的消防设计、施工质量负责。

第十六条　机关、团体、企业、事业等单位应当履行下列消防安全职责：

(一)落实消防安全责任制,制定本单位的消防安全制度、消防安全操作规程,制定灭火和应急疏散预案;

(二)按照国家标准、行业标准配置消防设施、器材,设置消防安全标志,并定期组织检验、维修,确保完好有效;

(三)对建筑消防设施每年至少进行一次全面检测,确保完好有效,检测记录应当完整准确,存档备查;

(四)保障疏散通道、安全出口、消防车通道畅通,保证防火防烟分区、防火间距符合消防技术标准;

(五)组织防火检查,及时消除火灾隐患;

(六)组织进行有针对性的消防演练;

(七)法律、法规规定的其他消防安全职责。

单位的主要负责人是本单位的消防安全责任人。

消防安全重点单位除应当履行本法第十六条规定的职责外,还应当履行下列消防安全职责:

(一)确定消防安全管理人,组织实施本单位的消防安全管理工作;

(二)建立消防档案,确定消防安全重点部位,设置防火标志,实行严格管理;

(三)实行每日防火巡查,并建立巡查记录;

(四)对职工进行岗前消防安全培训,定期组织消防安全培训和消防演练。

第二十一条　禁止在具有火灾、爆炸危险的场所吸烟、使用明火。因施工等特殊情况需要使用明火作业的,应当按照规定事先办理审批手续,采取相应的消防安全措施;作业人员应当遵守消防安全规定进行电焊、气焊等具有火灾危险作业的人员和自动消防系统的操作人员,必须持证上岗,并遵守消防安全操作规程。

第二十二条　生产、储存、装卸易燃易爆危险品的工厂、仓库和专用车站、码头的设置,应当符合消防技术标准。易燃易爆气体和液体的充装站、供应站、调压站,应当设置在符合消防安全要求的位置,并符合防火防爆要求。

第二十三条　生产、储存、运输、销售、使用、销毁易燃易爆危险品,必须执行消防技术标准和管理规定。进入生产、储存易燃易爆危险品的场所,必须执行消防安全规定。禁止非法携带易燃易爆危险品进入公共场所或者乘坐公共交通工具。储存可燃物资仓库的管理,必须执行消防技术标准和管理规定

3.消防组织

第三十九条　下列单位应当建立单位专职消防队,承担本单位的火灾扑救工作:

(一)大型核设施单位、大型发电厂、民用机场、主要港口;

(二)生产、储存易燃易爆危险品的大型企业;

(三)储备可燃的重要物资的大型仓库、基地;

(四)第一项、第二项、第三项规定以外的火灾危险性较大、距离公安消防队较远的其他大

型企业；

（五）距离公安消防队较远、被列为全国重点文物保护单位的古建筑群的管理单位。

第四十条 专职消防队的建立，应当符合国家有关规定，并报当地公安机关消防机构验收。

4.灭火救援

第四十四条 任何人发现火灾都应当立即报警。任何单位、个人都应当无偿为报警提供便利，不得阻拦报警。严禁谎报火警。

第四十八条 消防车、消防艇以及消防器材、装备和设施，不得用于与消防和应急救援工作无关的事项。

第五十一条 公安机关消防机构有权根据需要封闭火灾现场，负责调查火灾原因，统计火灾损失。

火灾扑灭后，发生火灾的单位和相关人员应当按照公安机关消防机构的要求保护现场，接受事故调查，如实提供与火灾有关的情况。

五、《危险化学品安全管理条例》（2013 年实施）及相关要求介绍

《危险化学品安全管理条例》已经 2011 年 2 月 16 日国务院第 144 次常务会议修订通过，自 2011 年 12 月 1 日起施行。2013 年 12 月 4 日国务院第 32 次常务会议通过了《国务院关于修改部分行政法规的决定》，其中含有对《危险化学品安全管理条例》的修订决定，《国务院关于修改部分行政法规的决定》已经 2013 年 12 月 4 日国务院第 32 次常务会议通过，现予公布，自公布之日起施行。条例共分 8 章 108 条，对危险化学品的范围、危险化学品的生产、储存、使用、经营、运输、危险化学品登记与事故应急救援编制过程中安全管理，以及违反本条例的法律责任做出了明确规定。

1.危险化学品的范围、管理方针

第三条 本条例所称危险化学品，是指具有毒害、腐蚀、爆炸、燃烧、助燃等性质，对人体、设施、环境具有危害的剧毒化学品和其他化学品。

危险化学品目录，由国务院安全生产监督管理部门会同国务院工业和信息化、公安、环境保护、卫生、质量监督检验检疫、交通运输、铁路、民用航空、农业主管部门，根据化学品危险特性的鉴别和分类标准确定、公布，并适时调整。

第四条 危险化学品安全管理，应当坚持安全第一、预防为主、综合治理的方针，强化和落实企业的主体责任。

生产、储存、使用、经营、运输危险化学品的单位（以下统称危险化学品单位）的主要负责人对本单位的危险化学品安全管理工作全面负责。

第五条 任何单位和个人不得生产、经营、使用国家禁止生产、经营、使用的危险化学品。

2.危险化学品生产、储存安全

第十二条 新建、改建、扩建生产、储存危险化学品的建设项目（以下简称建设项目），应当由安全生产监督管理部门进行安全条件审查。

第十三条 生产、储存危险化学品的单位，应当对其铺设的危险化学品管道设置明显标志，并对危险化学品管道定期检查、检测。

第十四条 危险化学品生产企业进行生产前，应当依照《安全生产许可证条例》的规定，取

得危险化学品安全生产许可证。

生产列入国家实行生产许可证制度的工业产品目录的危险化学品的企业,应当依照《中华人民共和国工业产品生产许可证管理条例》的规定,取得工业产品生产许可证。

第十五条　危险化学品生产企业应当提供与其生产的危险化学品相符的化学品安全技术说明书,并在危险化学品包装(包括外包装件)上粘贴或者拴挂与包装内危险化学品相符的化学品安全标签。化学品安全技术说明书和化学品安全标签所载明的内容应当符合国家标准的要求。

第十七条　危险化学品的包装应当符合法律、行政法规、规章的规定以及国家标准、行业标准的要求。

第十八条　生产列入国家实行生产许可证制度的工业产品目录的危险化学品包装物、容器的企业,应当依照《中华人民共和国工业产品生产许可证管理条例》的规定,取得工业产品生产许可证

对重复使用的危险化学品包装物、容器,使用单位在重复使用前应当进行检查;发现存在安全隐患的,应当维修或者更换。使用单位应当对检查情况做出记录,记录的保存期限不得少于2年。

第二十条　生产、储存危险化学品的单位,应当在其作业场所安装安全设施。

第二十一条　生产、储存危险化学品的单位,应当在其作业场所设置通信、报警装置,并保证处于适用状态。

第二十二条　生产、储存危险化学品的企业,应当委托具备国家规定的资质条件的机构,对本企业的安全生产条件每3年进行一次安全评价。

第二十四条　危险化学品应当储存在专用仓库、专用场地或者专用储存室(以下统称专用仓库)内,并由专人负责管理;剧毒化学品以及储存数量构成重大危险源的其他危险化学品,应当在专用仓库内单独存放,并实行双人收发、双人保管制度。

第二十五条　储存危险化学品的单位应当建立危险化学品出入库核查、登记制度。

3. 危险化学品使用安全

第二十八条　使用单位,其使用条件(包括工艺)应当符合法律、行政法规的规定和国家标准、行业标准的要求,并根据所使用的危险化学品的种类、危险特性以及使用量和使用方式,建立、健全使用危险化学品的安全管理规章制度和安全操作规程,保证危险化学品的安全使用。

第二十九条　使用危险化学品从事生产并且使用量达到规定数量的化工企业(属于危险化学品生产企业的除外,下同),应当依照本条例的规定取得危险化学品安全使用许可证。

4. 危险化学品经营安全

第三十三条　国家对危险化学品经营(包括仓储经营,下同)实行许可制度。未经许可,任何单位和个人不得经营危险化学品。

第三十四条　从事危险化学品经营的企业应当具备下列条件:

(一)有符合国家标准、行业标准的经营场所,储存危险化学品的,还应当有符合国家标准、行业标准的储存设施;

(二)从业人员经过专业技术培训并经考核合格;

(三)有健全的安全管理规章制度;

(四)有专职安全管理人员;

（五）有符合国家规定的危险化学品事故应急预案和必要的应急救援器材、设备；

（六）法律、法规规定的其他条件。

第三十七条　危险化学品经营企业不得向未经许可从事危险化学品生产、经营活动的企业采购危险化学品，不得经营没有化学品安全技术说明书或者化学品安全标签的危险化学品。

第三十八条　个人不得购买剧毒化学品（属于剧毒化学品的农药除外）和易制爆危险化学品。

5. 危险化学品运输安全

第四十三条　从事危险化学品道路运输、水路运输的，应当分别依照有关道路运输、水路运输的法律、行政法规的规定，取得危险货物道路运输许可、危险货物水路运输许可。

危险化学品道路运输企业、水路运输企业应当配备专职安全管理人员。

第四十四条　危险化学品道路运输企业、水路运输企业的驾驶人员、船员、装卸管理人员、押运人员、申报人员、集装箱装箱现场检查员应当经交通运输主管部门考核合格，取得从业资格。

第四十五条　运输危险化学品，应当根据危险化学品的危险特性采取相应的安全防护措施，并配备必要的防护用品和应急救援器材。

第四十七条　危险化学品运输车辆应当符合国家标准要求的安全技术条件，并按照国家有关规定定期进行安全技术检验。

危险化学品运输车辆应当悬挂或者喷涂符合国家标准要求的警示标志。

第四十八条　通过道路运输危险化学品的，应当配备押运人员，并保证所运输的危险化学品处于押运人员的监控之下。

6. 危险化学品登记与事故应急救援

第六十六条　国家实行危险化学品登记制度，为危险化学品安全管理以及危险化学品事故预防和应急救援提供技术、信息支持。

第六十七条　危险化学品生产企业、进口企业，应当向国务院安全生产监督管理部门负责危险化学品登记的机构（以下简称危险化学品登记机构）办理危险化学品登记。

第七十条　危险化学品单位应当制定本单位危险化学品事故应急预案，配备应急救援人员和必要的应急救援器材、设备，并定期组织应急救援演练。

危险化学品单位应当将其危险化学品事故应急预案报所在地设区的市级人民政府安全生产监督管理部门备案。

六、《特种设备安全监察条例》（2009 年实施）及相关要求介绍

《国务院关于修改〈特种设备安全监察条例〉的决定》已经 2009 年 1 月 14 日国务院第 46 次常务会议通过。新的《特种设备安全监察条例》自 2009 年 5 月 1 日起施行，共 8 章 103 条，对特种设备的范围，特种设备的生产管理，特种设备的使用管理，特种设备的检测检验、监督检查、事故预防和调查处理做出了规定和要求。

1. 特种设备的范围

本条例所称特种设备是指涉及生命安全、危险性较大的锅炉、压力容器（含气瓶，下同）、压力管道、电梯、起重机械、客运索道、大型游乐设施和场（厂）内专用机动车辆。

2.特种设备的生产

第十一条　压力容器的设计单位应当经国务院特种设备安全监督管理部门许可,方可从事压力容器的设计活动。

第十四条　锅炉、压力容器、电梯、起重机械、客运索道、大型游乐设施及其安全附件、安全保护装置的制造、安装、改造单位,以及压力管道用管子、管件、阀门、法兰、补偿器、安全保护装置等(以下简称压力管道元件)的制造单位和场(厂)内专用机动车辆的制造、改造单位,应当经国务院特种设备安全监督管理部门许可,方可从事相应的活动。

第二十一条　锅炉、压力容器、压力管道元件、起重机械、大型游乐设施的制造过程和锅炉、压力容器、电梯、起重机械、客运索道、大型游乐设施的安装、改造、重大维修过程,必须经国务院特种设备安全监督管理部门核准的检验检测机构按照安全技术规范的要求进行监督检验。

3.特种设备的使用

第二十三条　特种设备使用单位,应当严格执行本条例和有关安全生产的法律、行政法规的规定,保证特种设备的安全使用。

第二十四条　特种设备使用单位应当使用符合安全技术规范要求的特种设备。

第二十五条　特种设备在投入使用前或者投入使用后30日内,特种设备使用单位应当向直辖市或者设区的市的特种设备安全监督管理部门登记。

第二十六条　特种设备使用单位应当建立特种设备安全技术档案。

第二十七条　特种设备使用单位应当对在用特种设备进行经常性日常维护保养,并定期自行检查。

特种设备使用单位对在用特种设备应当至少每月进行一次自行检查,并做出记录。特种设备使用单位在对在用特种设备进行自行检查和日常维护保养时发现异常情况的,应当及时处理。

特种设备使用单位应当对在用特种设备的安全附件、安全保护装置、测量调控装置及有关附属仪器仪表进行定期校验、检修,并做出记录。

第三十八条　锅炉、压力容器、电梯、起重机械、客运索道、大型游乐设施、场(厂)内专用机动车辆的作业人员及其相关管理人员(以下统称特种设备作业人员),应当按照国家有关规定经特种设备安全监督管理部门考核合格,取得国家统一格式的特种作业人员证书,方可从事相应的作业或者管理工作。

第三十九条　特种设备作业人员在作业中应当严格执行特种设备的操作规程和有关的安全规章制度。

4.特种设备的检验检测

第四十一条　从事本条例规定的监督检验、定期检验、型式试验以及专门为特种设备生产、使用、检验检测提供无损检测服务的特种设备检验检测机构,应当经国务院特种设备安全监督管理部门核准。

第四十四条　从事本条例规定的监督检验、定期检验、型式试验和无损检测的特种设备检验检测人员应当经国务院特种设备安全监督管理部门组织考核合格,取得检验检测人员证书,方可从事检验检测工作。

第四十六条　特种设备检验检测机构和检验检测人员应当客观、公正、及时地出具检验检测结果、鉴定结论。

七、《劳动防护用品监督管理规定》(2005 年实施)及相关要求介绍

《劳动防护用品监督管理规定》已经 2005 年 7 月 8 日国家安全生产监督管理总局局务会议审议通过,自 2005 年 9 月 1 日起施行。本规定共 6 章 31 条,对劳动防护用品生产、检验、经营,劳动防护用品的配备与使用等进行了规定。

1.劳动防护用品的生产、检验、经营

第七条　生产劳动防护用品的企业应当具备下列条件:

(一)有工商行政管理部门核发的营业执照;

(二)有满足生产需要的生产场所和技术人员;

(三)有保证产品安全防护性能的生产设备;

(四)有满足产品安全防护性能要求的检验与测试手段;

(五)有完善的质量保证体系;

(六)有产品标准和相关技术文件;

(七)产品符合国家标准或者行业标准的要求;

(八)法律、法规规定的其他条件。

第九条　新研制和开发的劳动防护用品,应当对其安全防护性能进行严格的科学试验,并经具有安全生产检测检验资质的机构(以下简称检测检验机构)检测检验合格后,方可生产、使用。

第十条　生产劳动防护用品的企业生产的特种劳动防护用品,必须取得特种劳动防护用品安全标志。

第十一条　检测检验机构必须取得国家安全生产监督管理总局认可的安全生产检测检验资质,并在批准的业务范围内开展劳动防护用品检测检验工作。

第十二条　检测检验机构应当严格按照有关标准和规范对劳动防护用品的安全防护性能进行检测检验,并对所出具的检测检验报告负责。

第十三条　经营劳动防护用品的单位应有工商行政管理部门核发的营业执照、有满足需要的固定场所和了解相关防护用品知识的人员。经营劳动防护用品的单位不得经营假冒伪劣劳动防护用品和无安全标志的特种劳动防护用品。

2.劳动防护用品的配备与使用

第十四条　生产经营单位应当按照《劳动防护用品选用规则》(GB 11651)和国家颁发的劳动防护用品配备标准以及有关规定,为从业人员配备劳动防护用品。

第十六条　生产经营单位为从业人员提供的劳动防护用品,必须符合国家标准或者行业标准,不得超过使用期限。

生产经营单位应当督促、教育从业人员正确佩戴和使用劳动防护用品。

第十七条　生产经营单位应当建立健全劳动防护用品的采购、验收、保管、发放、使用、报废等管理制度。

第十八条　生产经营单位不得采购和使用无安全标志的特种劳动防护用品;购买的特种劳动防护用品须经本单位的安全生产技术部门或者管理人员检查验收。

第十九条　从业人员在作业过程中,必须按照安全生产规章制度和劳动防护用品使用规

则,正确佩戴和使用劳动防护用品;未按规定佩戴和使用劳动防护用品的,不得上岗作业。

八、《生产安全事故报告和调查处理条例》(2011 年实施)及相关要求介绍

《生产安全事故报告和调查处理条例》已经 2007 年 3 月 28 日国务院第 172 次常务会议通过,自 2007 年 6 月 1 日起施行。本条例共 6 章 46 条,对安全事故的分级、事故的报告、事故调查以及事故的处理做了明确的规定。

本条例根据 2011 年 9 月 1 日国家安全监管总局关于修改《〈生产安全事故报告和调查处理条例〉罚款处罚暂行规定》的决定修订。

1.事故等级

第三条　根据生产安全事故(以下简称事故)造成的人员伤亡或者直接经济损失,事故一般分为以下等级:

(一)特别重大事故,是指造成 30 人以上死亡,或者 100 人以上重伤(包括急性工业中毒,下同),或者 1 亿元以上直接经济损失的事故;

(二)重大事故,是指造成 10 人以上 30 人以下死亡,或者 50 人以上 100 人以下重伤,或者 5 000 万元以上 1 亿元以下直接经济损失的事故;

(三)较大事故,是指造成 3 人以上 10 人以下死亡,或者 10 人以上 50 人以下重伤,或者 1 000 万元以上 5 000 万元以下直接经济损失的事故;

(四)一般事故,是指造成 3 人以下死亡,或者 10 人以下重伤,或者 1 000 万元以下直接经济损失的事故。

2.事故报告

第九条　事故发生后,事故现场有关人员应当立即向本单位负责人报告;单位负责人接到报告后,应当于 1 小时内向事故发生地县级以上人民政府安全生产监督管理部门和负有安全生产监督管理职责的有关部门报告。

第十条　安全生产监督管理部门和负有安全生产监督管理职责的有关部门接到事故报告后,应当依照下列规定上报事故情况,并通知公安机关、劳动保障行政部门、工会和人民检察院:

(一)特别重大事故、重大事故逐级上报至国务院安全生产监督管理部门和负有安全生产监督管理职责的有关部门;

(二)较大事故逐级上报至省、自治区、直辖市人民政府安全生产监督管理部门和负有安全生产监督管理职责的有关部门;

(三)一般事故上报至设区的市级人民政府安全生产监督管理部门和负有安全生产监督管理职责的有关部门。

3.事故调查

第十九条　特别重大事故由国务院或者国务院授权有关部门组织事故调查组进行调查。

重大事故、较大事故、一般事故分别由事故发生地省级人民政府、设区的市级人民政府、县级人民政府负责调查。省级人民政府、设区的市级人民政府、县级人民政府可以直接组织事故调查组进行调查,也可以授权或者委托有关部门组织事故调查组进行调查。

未造成人员伤亡的一般事故,县级人民政府也可以委托事故发生单位组织事故调查组进行调查。

第二十二条　事故调查组的组成应当遵循精简、效能的原则。

第三十条　事故调查报告应当包括下列内容：

（一）事故发生单位概况；

（二）事故发生经过和事故救援情况；

（三）事故造成的人员伤亡和直接经济损失；

（四）事故发生的原因和事故性质；

（五）事故责任的认定以及对事故责任者的处理建议；

（六）事故防范和整改措施。

4.事故处理

第三十二条　重大事故、较大事故、一般事故，负责事故调查的人民政府应当自收到事故调查报告之日起 15 日内做出批复；特别重大事故，30 日内做出批复，特殊情况下，批复时间可以适当延长，但延长的时间最长不超过 30 日。

有关机关应当按照人民政府的批复，依照法律、行政法规规定的权限和程序，对事故发生单位和有关人员进行行政处罚，对负有事故责任的国家工作人员进行处分。

事故发生单位应当按照负责事故调查的人民政府的批复，对本单位负有事故责任的人员进行处理。

负有事故责任的人员涉嫌犯罪的，依法追究刑事责任。

九、《生产安全事故应急预案管理办法》（2016 年实施）及相关要求介绍

《生产安全事故应急预案管理办法》已经 2009 年 3 月 20 日国家安全生产监督管理总局局长办公会议审议通过，自 2009 年 5 月 1 日起施行。2016 年 4 月 15 日国家安全生产监督管理总局第 13 次局长办公会议审议通过修订稿，自 2016 年 7 月 1 日起施行。本办法共 7 章 48 条，对应急预案的编制、评审、备案以及实施做了明确规定。

1.应急预案的编制

第八条　应急预案的编制应当符合下列基本要求：

（一）符合有关法律、法规、规章和标准的规定；

（二）结合本地区、本部门、本单位的安全生产实际情况；

（三）结合本地区、本部门、本单位的危险性分析情况；

（四）应急组织和人员的职责分工明确，并有具体的落实措施；

（五）有明确、具体的事故预防措施和应急程序，并与其应急能力相适应；

（六）有明确的应急保障措施，并能满足本地区、本部门、本单位的应急工作要求；

（七）预案基本要素齐全、完整，预案附件提供的信息准确；

（八）预案内容与相关应急预案相互衔接。

第十三条　生产经营单位风险种类多、可能发生多种类型事故的，应当组织编制综合应急预案。

综合应急预案应当规定应急组织机构及其职责、应急预案体系、事故风险描述、预警及信息报告、应急响应、保障措施、应急预案管理等内容。

第十四条　对于某一种或者多种类型的事故风险，生产经营单位可以编制相应的专项应急预案，或将专项应急预案并入综合应急预案。

专项应急预案应当规定应急指挥机构与职责、处置程序和措施等内容。

第十五条　对于危险性较大的场所、装置或者设施,生产经营单位应当编制现场处置方案。

现场处置方案应当规定应急工作职责、应急处置措施和注意事项等内容。

事故风险单一、危险性小的生产经营单位,可以只编制现场处置方案。

2.应急预案的评审

第二十条　地方各级安全生产监督管理部门应当组织有关专家对本部门编制的部门应急预案进行审定;必要时,可以召开听证会,听取社会有关方面的意见。

第二十一条　矿山、金属冶炼、建筑施工企业和易燃易爆物品、危险化学品的生产、经营(带储存设施的,下同)、储存企业,以及使用危险化学品达到国家规定数量的化工企业、烟花爆竹生产、批发经营企业和中型规模以上的其他生产经营单位,应当对本单位编制的应急预案进行评审,并形成书面评审纪要。

前款规定以外的其他生产经营单位应当对本单位编制的应急预案进行论证。

第二十二条　参加应急预案评审的人员应当包括有关安全生产及应急管理方面的专家。

评审人员与所评审应急预案的生产经营单位有利害关系的,应当回避。

第二十三条　应急预案的评审或者论证应当注重基本要素的完整性、组织体系的合理性、应急处置程序和措施的针对性、应急保障措施的可行性、应急预案的衔接性等内容。

第二十四条　生产经营单位的应急预案经评审或者论证后,由本单位主要负责人签署公布,并及时发放到本单位有关部门、岗位和相关应急救援队伍。

事故风险可能影响周边其他单位、人员的,生产经营单位应当将有关事故风险的性质、影响范围和应急防范措施告知周边的其他单位和人员。

3.应急预案的备案

第二十六条　生产经营单位应当在应急预案公布之日起20个工作日内,按照分级属地原则,向安全生产监督管理部门和有关部门进行告知性备案。

中央企业总部(上市公司)的应急预案,报国务院主管的负有安全生产监督管理职责的部门备案,并抄送国家安全生产监督管理总局;其所属单位的应急预案报所在地的省、自治区、直辖市或者设区的市级人民政府主管的负有安全生产监督管理职责的部门备案,并抄送同级安全生产监督管理部门。

前款规定以外的非煤矿山、金属冶炼和危险化学品生产、经营、储存企业,以及使用危险化学品达到国家规定数量的化工企业、烟花爆竹生产、批发经营企业的应急预案,按照隶属关系报所在地县级以上地方人民政府安全生产监督管理部门备案;其他生产经营单位应急预案的备案,由省、自治区、直辖市人民政府负有安全生产监督管理职责的部门确定。

第二十七条　生产经营单位申报应急预案备案,应当提交下列材料:

(一)应急预案备案申报表;

(二)应急预案评审或者论证意见;

(三)应急预案文本及电子文档;

(四)风险评估结果和应急资源调查清单。

4.应急预案的实施

第三十一条　各级安全生产监督管理部门应当将本部门应急预案的培训纳入安全生产培

训工作计划,并组织实施本行政区域内重点生产经营单位的应急预案培训工作。生产经营单位应当组织开展本单位的应急预案、应急知识、自救互救和避险逃生技能的培训活动,使有关人员了解应急预案内容,熟悉应急职责、应急处置程序和措施。

应急培训的时间、地点、内容、师资、参加人员和考核结果等情况应当如实记入本单位的安全生产教育和培训档案。

第三十三条 生产经营单位应当制订本单位的应急预案演练计划,根据本单位的事故风险特点,每年至少组织一次综合应急预案演练或者专项应急预案演练,每半年至少组织一次现场处置方案演练。

第三十四条 应急预案演练结束后,应急预案演练组织单位应当对应急预案演练效果进行评估,撰写应急预案演练评估报告,分析存在的问题,并对应急预案提出修订意见。

第三十五条 应急预案编制单位应当建立应急预案定期评估制度,对预案内容的针对性和实用性进行分析,并对应急预案是否需要修订做出结论。矿山、金属冶炼、建筑施工企业和易燃易爆物品、危险化学品等危险物品的生产、经营、储存企业、使用危险化学品达到国家规定数量的化工企业、烟花爆竹生产、批发经营企业和中型规模以上的其他生产经营单位,应当每三年进行一次应急预案评估。

应急预案评估可以邀请相关专业机构或者有关专家、有实际应急救援工作经验的人员参加,必要时可以委托安全生产技术服务机构实施。

附　　录

附录一　职业健康安全管理体系　要求

1　范围

本标准规定了对职业健康安全管理体系的要求,旨在使组织能够控制其职业健康安全风险,并改进其职业健康安全绩效。它既不规定具体的职业健康安全绩效准则,也不提供详细的管理体系设计规范。

本标准适用于任何有下列愿望的组织:

a)建立职业健康安全管理体系,以消除或尽可能降低可能暴露于与组织活动相关的职业健康安全危险源中的员工和其他相关方所面临的风险。

b)实施、保持和持续改进职业健康安全管理体系。

c)确保组织自身符合其所阐明的职业健康安全方针。

d)通过下列方式来证实符合本标准:

　　1)做出自我评价和自我声明;

　　2)寻求与组织有利益关系的一方(如顾客等)对其符合性的确认;

　　3)寻求组织外部一方对其自我声明的确认;

　　4)寻求外部组织对其职业健康安全管理体系的认证。

本标准中的所有要求旨在被纳入到任何职业健康安全管理体系中。其应用程度取决于组织的职业健康安全方针、活动性质、运行的风险与复杂性等因素。

本标准旨在针对职业健康安全,而非诸如员工健身或健康计划、产品安全、财产损失或环境影响等其他方面的健康和安全。

2　规范性引用文件

下列文件对于本标准的应用是必不可少的。凡是注日期的引用文件,仅注日期的版本适用于本标准。凡是不注日期的引用文件,其最新版本(包括所有的修改单)适用于本标准。

GB/T 19000—2008 质量管理体系　基础和术语(ISO 9000:2005,IDT)

GB/T 24001—2004 环境管理体系　要求及使用指南(ISO 14001:2004,IDT)

GB/T 28002 职业健康安全管理体系　实施指南(OHSAS 18002:2008,IDT)

3　术语和定义

下列术语和定义适用于本标准。

3.1

可接受风险　acceptable risk

根据组织法律义务和职业健康安全方针(3.16)已降至组织可容许程度的风险。

3.2

审核　audit

为获得"审核证据"并对其进行客观的评价,以确定满足"审核准则"的程度所进行的系统的、独立的并形成文件的过程。

[GB/T 19000—2008,3.9.1]

注1:"独立的"不意味着必须来自组织外部。很多情况下,特别是在小型组织,独立性可以通过与被审核活动之间无责任关系来证实。

注2:有关"审核证据"和"审核准则"的进一步指南见 GB/T 19011。

3.3

持续改进　continual improvement

为了实现对整体职业健康安全绩效(3.15)的改进,根据组织(3.17)的职业健康安全方针(3.16),不断对职业健康安全管理体系(3.13)进行强化的过程。

注1:该过程不必同时发生于活动的所有方面。

注2:改编自 GB/T 24001—2004,3.2。

3.4

纠正措施　corrective action

为消除已发现的不符合(3.11)或其他不期望情况的原因所采取的措施。

[GB/T 19000—2008,3.6.5]

注1:一个不符合可以有若干个原因。

注2:采取纠正措施是为了防止再发生,而采取预防措施(3.18)是为了防止发生。

3.5

文件　document

信息及其承载媒体。

注:媒体可以是纸张,计算机磁盘、光盘或其他电子媒体,照片或标准样品,或它们的组合。

[GB/T 24001—2004,3.4]

3.6

危险源　hazard

可能导致人身伤害和(或)健康损害(3.8)的根源、状态或行为。

3.7

危险源辨识　hazard identification

识别危险源(3.6)的存在并确定其特性的过程。

3.8

健康损害　ill health

可确认的、由工作活动和(或)工作相关状况引起或加重的身体或精神的不良状态。

3.9

事件　incident

发生或可能发生与工作相关的健康损害(3.8)或人身伤害(无论严重程度),或者死亡的情况。

注1:事故是一种发生人身伤害、健康损害或死亡的事件。

注2:未发生人身伤害、健康损害或死亡的事件通常称为"未遂事故",在英文中也可称为"near-miss""near-hit""close call"或"dangerous occurrence"。

注3:紧急情况(见4.4.7)是一种特殊类型的事件。

3.10

相关方　interested party

工作场所(3.23)内外与组织(3.17)职业健康安全绩效(3.15)有关或受其影响的个人或团体。

3.11

不符合　nonconformity

未满足要求。

[GB/T 19000—2008,3.6.2;GB/T 24001—2004,3.15]

注:不符合可以是对下述要求的任何偏离:

　　——有关的工作标准、惯例、程序、法律法规要求等;

　　——职业健康安全管理体系(3.13)要求。

3.12

职业健康安全(OH&S)　occupational health and safety (OH&S)

影响或可能影响工作场所(3.23)内的员工或其他工作人员(包括临时工和承包方员工)、访问者或任何其他人员的健康安全的条件和因素。

注:组织应遵守关于工作场所附近或暴露于工作场所活动的人员的健康安全方面的法律法规要求。

3.13

职业健康安全管理体系　OH&S management system

组织(3.17)管理体系的一部分,用于制定和实施组织的职业健康安全方针(3.16)并管理其职业健康安全风险(3.21)。

注1:管理体系是用于制定方针和目标并实现这些目标的一组相互关联的要素。

注 2:管理体系包括组织结构、策划活动(例如风险评价、目标建立等)、职责、惯例、程序(3.19)、过程和资源。

注 3:改编自 GB/T 24001—2004,3.8。

3.14

职业健康安全目标　OH&S objective

组织(3.17)自我设定的在职业健康安全绩效(3.15)方面要达到的职业健康安全目的。

注 1:只要可行,目标宜量化。

注 2:4.3.3 要求职业健康安全目标符合职业健康安全方针(3.16)。

3.15

职业健康安全绩效　OH&S performance

组织(3.17)对其职业健康安全风险(3.21)进行管理所取得的可测量的结果。

注 1:职业健康安全绩效测量包括测量组织控制措施的有效性。

注 2:在职业健康安全管理体系(3.13)背景下,结果也可根据组织(3.17)的职业健康安全方针(3.16)、职业健康安全目标(3.14)和其他职业健康安全绩效要求测量出来。

3.16

职业健康安全方针　OH&S policy

最高管理者就组织(3.17)的职业健康安全绩效(3.15)正式表述的总体意图和方向。

注 1:职业健康安全方针为采取措施和设定职业健康安全目标(3.14)提供框架。

注 2:改编自 GB/T 24001—2004,3.11。

3.17

组织　organization

具有自身职能和行政管理的公司、集团公司、商行、企事业单位、政府机构、社团或其结合体,或上述单位中具有自身职能和行政管理的一部分,无论其是否具有法人资格,公营或私营。

注:对于拥有一个以上运行单位的组织,可以把一个运行单位视为一个组织。

[GB/T 24001—2004,3.16]

3.18

预防措施　preventive action

为消除潜在不符合(3.11)或其他不期望潜在情况的原因所采取的措施。

注 1:一个潜在不符合可以有若干个原因。

注 2:采取预防措施是为了防止发生,而采取纠正措施(3.4)是为了防止再发生。

[GB/T 19000—2008,3.6.4]

3.19

程序　procedure

为进行某项活动或过程所规定的途径。

注 1:程序可以形成文件,也可以不形成文件。

注 2:当程序形成文件时,通常称为"书面程序"或"形成文件的程序"。含有程序的文件(3.5)可称为"程序文件"。

[GB/T 19000—2008,3.4.5]

3.20

记录　record

阐明所取得的结果或提供所从事活动的证据的文件(3.5)。

[GB/T 24001—2004,3.20]

3.21

风险　risk

发生危险事件或有害暴露的可能性,与随之引发的人身伤害或健康损害(3.8)的严重性的组合。

3.22

风险评价　risk assessment

对危险源导致的风险(3.21)进行评估、对现有控制措施的充分性加以考虑以及对风险是否可接受予以确定的过程。

3.23

工作场所　workplace

在组织控制下实施与工作相关的活动的任何物理区域。

注:在考虑工作场所的构成时,组织(3.17)宜考虑对如下人员的职业健康安全影响,例如:差旅或运输中(如驾驶、乘机、乘船或乘火车等)、在客户或顾客处所工作或在家工作的人员。

4　职业健康安全管理体系要求

4.1　总要求

组织应根据本标准的要求建立、实施、保持和持续改进职业健康安全管理体系,确定如何满足这些要求,并形成文件。

组织应界定其职业健康安全管理体系的范围,并形成文件。

4.2　职业健康安全方针

最高管理者应确定和批准本组织的职业健康安全方针,并确保职业健康安全方针在界定的职业健康安全管理体系范围内:

a)适合于组织职业健康安全风险的性质和规模;

b)包括防止人身伤害与健康损害和持续改进职业健康安全管理与职业健康安全绩效的承诺;

c)包括至少遵守与其职业健康安全危险源有关的适用法律法规要求及组织应遵守的其他要求的承诺;

d)为制定和评审职业健康安全目标提供框架;

e)形成文件,付诸实施,并予以保持;

f)传达到所有在组织控制下工作的人员,旨在使其认识到各自的职业健康安全义务;

g)可为相关方所获取;

h)定期评审,以确保其与组织保持相关和适宜。

4.3 策划

4.3.1 危险源辨识、风险评价和控制措施的确定

组织应建立、实施并保持程序,以便持续进行危险源辨识、风险评价和必要控制措施的确定。

危险源辨识和风险评价的程序应考虑:

——常规和非常规活动;

——所有进入工作场所的人员(包括承包方人员和访问者)的活动;

——人的行为、能力和其他人为因素;

——已识别的源于工作场所外,能够对工作场所内组织控制下的人员的健康安全产生不利影响的危险源;

——在工作场所附近,由组织控制下的工作相关活动所产生的危险源;

注1:按环境因素对此类危险源进行评价可能更为合适。

——由本组织或外界所提供的工作场所的基础设施、设备和材料;

——组织及其活动的变更、材料的变更,或计划的变更;

——职业健康安全管理体系的更改包括临时性变更等,及其对运行、过程和活动的影响;

——任何与风险评价和实施必要控制措施相关的适用法律义务(也可参见3.12的注);

——对工作区域、过程、装置、机器和(或)设备、操作程序和工作组织的设计,包括其对人的能力的适应性。

组织用于危险源辨识和风险评价的方法应:

——在范围、性质和时机方面进行界定,以确保其是主动的而非被动的;

——提供风险的确认、风险优先次序的区分和风险文件的形成以及适当时控制措施的运用。

对于变更管理,组织应在变更前,识别在组织内、职业健康安全管理体系中或组织活动中与该变更相关的职业健康安全危险源和职业健康安全风险。

组织应确保在确定控制措施时考虑这些评价的结果。

在确定控制措施或考虑变更现有控制措施时,应按如下顺序考虑降低风险:

——消除;

——替代;

——工程控制措施;

——标志、警告和(或)管理控制措施;

——个体防护装备。

组织应将危险源辨识、风险评价和控制措施的确定的结果形成文件并及时更新。

在建立、实施和保持职业健康安全管理体系时,组织应确保对职业健康安全风险和确定的控制措施得到考虑。

注 2:关于危险源辨识、风险评价和控制措施的确定的进一步指南见 GB/T 28002—2011。

4.3.2　法律法规和其他要求

组织应建立、实施并保持程序,以识别和获取适用于本组织的法律法规和其他职业健康安全要求。

在建立、实施和保持职业健康安全管理体系时,组织应确保对适用法律法规要求和组织应遵守的其他要求得到考虑。

组织应使这方面的信息处于最新状态。

组织应向在其控制下工作的人员和其他有关的相关方传达相关法律法规和其他要求的信息。

4.3.3　目标和方案

组织应在其内部相关职能和层次建立、实施和保持形成文件的职业健康安全目标。

可行时,目标应可测量。目标应符合职业健康安全方针,包括对防止人身伤害与健康损害,符合适用法律法规要求与组织应遵守的其他要求,以及持续改进的承诺。

在建立和评审目标时,组织应考虑法律法规要求和应遵守的其他要求及其职业健康安全风险。组织还应考虑其可选技术方案,财务、运行和经营要求,以及有关的相关方的观点。

组织应建立、实施和保持实现其目标的方案。方案至少应包括:

a)为实现目标而对组织相关职能和层次的职责和权限的指定;

b)实现目标的方法和时间表。

应定期和按计划的时间间隔对方案进行评审,必要时进行调整,以确保目标得以实现。

4.4　实施和运行

4.4.1　资源、作用、职责、责任和权限

最高管理者应对职业健康安全和职业健康安全管理体系承担最终责任。

最高管理者应通过以下方式证实其承诺:

——确保为建立、实施、保持和改进职业健康安全管理体系提供必要的资源。

注 1:资源包括人力资源和专项技能、组织基础设施、技术和财力资源。

——明确作用、分配职责和责任、授予权力以提供有效的职业健康安全管理;作用、职责、责任和权限应形成文件和予以沟通。

组织应任命最高管理者中的成员,承担特定的职业健康安全职责,无论他(他们)是否还负有其他方面的职责,应明确界定如下作用和权限:

——确保按本标准建立、实施和保持职业健康安全管理体系;

——确保向最高管理者提交职业健康安全管理体系绩效报告,以供评审,并为改进职业健康安全管理体系提供依据。

注 2:最高管理者中的被任命者(比如大型组织中的董事会或执委员会成员),在仍然保留责任的同时,可将他们的一些任务委派给下属的管理者代表。

最高管理者中的被任命者其身份应对所有在本组织控制下工作的人员公开。

所有承担管理职责的人员,都应证实其对职业健康安全绩效持续改进的承诺。

组织应确保工作场所的人员在其能控制的领域承担职业健康安全方面的责任,包括遵守组织适用的职业健康安全要求。

4.4.2　能力、培训和意识

组织应确保在其控制下完成对职业健康安全有影响的任务的任何人员都具有相应的能力,该能力基于适当的教育、培训或经历来确定。组织应保存相关的记录。

组织应确定与职业健康安全风险及职业健康安全管理体系相关的培训需求。组织应提供培训或采取其他措施来满足这些需求,评价培训或采取的措施的有效性,并保存相关记录。

组织应当建立、实施并保持程序,使在本组织控制下工作的人员意识到:

——他们的工作活动和行为的实际或潜在的职业健康安全后果,以及改进个人表现的职业健康安全益处;

——他们在实现符合职业健康安全方针、程序和职业健康安全管理体系要求,包括应急准备和响应要求(见 4.4.7)方面的作用、职责和重要性;

——偏离规定程序的潜在后果。

培训程序应当考虑不同层次的:

——职责、能力、语言技能和文化程度;

——风险。

4.4.3　沟通、参与和协商

4.4.3.1　沟通

针对其职业健康安全危险源和职业健康安全管理体系,组织应建立、实施和保持程序,用于:

——在组织内不同层次和职能进行内部沟通;

——与进入工作场所的承包方和其他访问者进行沟通;

——接收、记录和回应来自外部相关方的相关沟通。

4.4.3.2　参与和协商

组织应建立、实施并保持程序,用于:

a)工作人员:

——适当参与危险源辨识、风险评价和控制措施的确定;

——适当参与事件调查;

——参与职业健康安全方针和目标的制定和评审;

——对影响他们职业健康安全的任何变更进行协商;

——对职业健康安全事务发表意见。

——应告知工作人员关于他们的参与安排,包括谁是他们的职业健康安全事务代表。

b)与承包方就影响他们的职业健康安全的变更进行协商。

适当时,组织应确保与相关的外部相关方就有关的职业健康安全事务进行协商。

4.4.4　文件

职业健康安全管理体系文件应包括:

a)职业健康安全方针和目标;

b)对职业健康安全管理体系覆盖范围的描述;

c)对职业健康安全管理体系的主要要素及其相互作用的描述,以及相关文件的查询途径;

d)本标准所要求的文件,包括记录;

e)组织为确保对涉及其职业健康安全风险管理过程进行有效策划、运行和控制所需的文件,包括记录。

注:重要的是,文件要与组织的复杂程度、相关的危险源和风险相匹配,按有效性和效率的要求使文件数量尽可能少。

4.4.5　文件控制

应对本标准和职业健康安全管理体系所要求的文件进行控制。记录是一种特殊类型的文件,应依据4.5.4的要求进行控制。

组织应建立、实施并保持程序,以规定:

a)在文件发布前进行审批,确保其充分性和适宜性;

b)必要时对文件进行评审和更新,并重新审批;

c)确保对文件的更改和现行修订状态做出标识;

d)确保在使用处能得到适用文件的有关版本;

e)确保文件字迹清楚,易于识别;

f)确保对策划和运行职业健康安全管理体系所需的外来文件做出标识,并对其发放予以控制;

g)防止对过期文件的非预期使用,若须保留,则应做出适当的标识。

4.4.6　运行控制

组织应确定那些与已辨识的、需实施必要控制措施的危险源相关的运行和活动,以管理职业健康安全风险。这应包括变更管理(见4.3.1)。

对于这些运行和活动,组织应实施并保持:

a)适合组织及其活动的运行控制措施,组织应把这些运行控制措施纳入其总体的职业健康安全管理体系之中;

b)与采购的货物、设备和服务相关的控制措施;

c)与进入工作场所的承包方和访问者相关的控制措施;

d)形成文件的程序,以避免因其缺乏而可能偏离职业健康安全方针和目标;

e)规定的运行准则,以避免因其缺乏而可能偏离职业健康安全方针和目标。

4.4.7　应急准备和响应

组织应建立、实施并保持程序,用于:

a)识别紧急情况的潜在性;

b)对此紧急情况做出响应。

组织应对实际的紧急情况做出响应,防止和减少相关的职业健康安全不良后果。

组织在策划应急响应时,应考虑有关相关方的需求,如应急服务机构、相邻组织或居民。

可行时,组织也应定期测试其响应紧急情况的程序,并让有关的相关方适当参与其中。

组织应定期评审其应急准备和响应程序,必要时对其进行修订,特别是在定期测试和紧急情况发生后(见4.5.3)。

4.5　检查

4.5.1　绩效测量和监视

组织应建立、实施并保持程序,对职业健康安全绩效进行例行监视和测量。程序应规定:

a)适合组织需要的定性和定量测量；

b)对组织职业健康安全目标满足程度的监视；

c)对控制措施有效性(既针对健康也针对安全)的监视；

d)主动性绩效测量，即监视是否符合职业健康安全方案、控制措施和运行准则；

e)被动性绩效测量，即监视健康损害、事件(包括事故、"未遂事故"等)和其他不良职业健康安全绩效的历史证据；

f)对监视和测量的数据和结果的记录，以便于其后续的纠正措施和预防措施的分析。

如果测量或监视绩效需要设备，适当时，组织应建立并保持程序，对此类设备进行校准和维护。应保存校准和维护活动及其结果的记录。

4.5.2　合规性评价

4.5.2.1　为了履行遵守法律法规要求的承诺[见4.2c)]，组织应建立、实施并保持程序，以定期评价对适用法律法规的遵守情况(见4.3.2)。

组织应保存定期评价结果的记录。

注：对不同法律法规要求的定期评价的频次可以有所不同。

4.5.2.2　组织应评价对应遵守的其他要求的遵守情况(见4.3.2)。这可以和4.5.2.1中所要求的评价一起进行，也可另外制定程序，分别进行评价。

组织应保存定期评价结果的记录。

注：组织对不同的应遵守的其他要求，定期评价的频次可以有所不同。

4.5.3　事件调查、不符合、纠正措施和预防措施

4.5.3.1　事件调查

组织应建立、实施并保持程序，记录、调查和分析事件，以便：

a)确定内在的、可能导致或有助于事件发生的职业健康安全缺陷和其他因素；

b)识别对采取纠正措施的需求；

c)识别采取预防措施的可能性；

d)识别持续改进的可能性；

e)沟通调查结果。

调查应及时开展。

对任何已识别的纠正措施的需求或预防措施的机会，应依据4.5.3.2相关要求进行处理。

事件调查的结果应形成文件并予以保持。

4.5.3.2　不符合、纠正措施和预防措施

组织应建立、实施并保持程序，以处理实际和潜在的不符合，并采取纠正措施和预防措施。程序应明确下述要求：

a)识别和纠正不符合，采取措施以减轻其职业健康安全后果；

b)调查不符合，确定其原因，并采取措施以避免其再度发生；

c)评价预防不符合的措施需求，并采取适当措施，以避免不符合的发生；

d)记录和沟通所采取的纠正措施和预防措施的结果；

e)评审所采取的纠正措施和预防措施的有效性。

如果纠正措施或预防措施中识别出新的或变化的危险源，或者对新的或变化的控制措施的需求，则程序应要求对拟定的措施在其实施之前须进行风险评价。

为消除实际和潜在不符合的原因而采取的任何纠正或预防措施,应与问题的严重性相适应,并与面临的职业健康安全风险相匹配。

对因纠正措施和预防措施而引起的任何必要变化,组织应确保其体现在职业健康安全管理体系文件中。

4.5.4　记录控制

组织应建立并保持必要的记录,用于证实符合职业健康安全管理体系要求和本标准要求,以及所实现的结果。

组织应建立、实施并保持程序,用于记录的标识、储存、保护、检索、保留和处置。

记录应保持字迹清楚,标识明确,并可追溯。

4.5.5　内部审核

组织应确保按照计划的时间间隔对职业健康安全管理体系进行内部审核。目的:

——确定职业健康安全管理体系是否:

· 符合组织对职业健康安全管理的策划安排,包括本标准的要求;

· 得到了正确的实施和保持;

· 有效满足组织的方针和目标。

——向管理者报告审核结果的信息。

组织应基于组织活动的风险评价结果和以前的审核结果,策划、制定、实施和保持审核方案。

应建立、实施和保持审核程序,以明确:

——关于策划和实施审核、报告审核结果和保存相关记录的职责、能力和要求。

——审核准则、范围、频次和方法的确定。

审核员的选择和审核的实施均应确保审核过程的客观性和公正性。

4.6　管理评审

最高管理者应按计划的时间间隔,对组织的职业健康安全管理体系进行评审,以确保其持续适宜性、充分性和有效性。评审应包括评价改进的可能性和对职业健康安全管理体系进行修改的需求,包括职业健康安全方针和职业健康安全目标的修改需求。应保存管理评审记录。

管理评审的输入应包括:

——内部审核和合规性评价的结果;

——参与和协商的结果(见 4.4.3);

——来自外部相关方的相关沟通信息,包括投诉;

——组织的职业健康安全绩效;

——目标的实现程度;

——事件调查、纠正措施和预防措施的状况;

——以前管理评审的后续措施;

——客观环境的变化,包括与职业健康安全有关的法律法规和其他要求的发展;

——改进建议。

管理评审的输出应符合组织持续改进的承诺,并应包括与如下方面可能的更改有关的任何决策和措施:

——职业健康安全绩效；

——职业健康安全方针和目标；

——资源；

——其他职业健康安全管理体系要素。

管理评审的相关输出应可供沟通和协商（见 4.4.3）。

附录二　职业健康安全管理体系知识练习

一、选择题(在下列各题中选择一个你认为最适合的答案)

1. 危险源辨识的含义是(　　　)。
   A)识别危险源的存在　　　　　　B)评估风险大小及确定风险是否可容许的过程
   C)确定危险源的特性　　　　　　D)A+C

2. 根据 GB/T 28001—2011,员工应参与和了解的协商和沟通活动有(　　　)。
   A)对职业健康安全事务发表意见　　B)批准职业安全健康方针
   C)了解谁是职业健康安全事务代表　D)A+C

3. 组织采取任何旨在消除实际和潜在不符合原因的纠正和预防措施应该(　　　)。
   A)与问题的严重性相适应　　　　B)和面临的职业健康安全风险相匹配
   C)予以实施　　　　　　　　　　D)A+B+C

4. 对(　　　)的人员应有相应的工作能力要求,并对其能力做出规定。
   A)从事 OHSMS 工作有影响　　　B)其工作可能影响工作场所内 OHS
   C)其工作可能影响 OHSMS　　　 D)以上都正确

5. 组织在确定危险的可承受性时,应考虑(　　　)。
   A)所辨识出的危险因素的数量
   B)员工的职业安全卫生素质
   C)相关法律义务与职业健康安全方针要求
   D)是否能够通过认证

6. 职业健康安全管理体系的审核准则是(　　　)。
   A)GB/T 28001—2001
   B)适用的法律、法规和其他要求
   C)受审核方的职业健康安全管理体系文件
   D)A+B+C

7. 组织定期开展内审的目的,是确定职业健康安全管理体系是否(　　　)。
   A)符合策划安排,包括满足 GB/T 28001 的要求
   B)得到了正确实施和保持
   C)有效地满足组织的方针和目标
   D)A+B+C

8. 组织的职业健康安全方针(　　　)。
   A)必须由职工代表大会批准　　　B)必须经最高管理者批准
   C)必须由工会批准　　　　　　　D)必须由管理者代表亲自制定

9. 《中华人民共和国工会法》以(　　　)的表现形式适用于 OHSMS。
   A)法律　　　　　　　　　　　　B)法规
   C)规章　　　　　　　　　　　　D)A+B+C

10. OHSMS 第一阶段审核的目的是(　　　)。

A)确定审核范围　　　　　　　B)评审组织 OHSMS 构架是否已建立并适宜

C)提出第二阶段审核重点　　　D)A＋B＋C

二、判断题(你认为正确的请在括号中画"T",错误的画"F")

(　　)1.某厂采购瓶装氧气由合同方负责送货。该厂说:"合同方都知道应该轻装轻卸,也从没发生过事故,所以我厂可以对其不进行危险源辨识、风险评价和风险控制措施。"

(　　)2.只要没造成死亡、疾病、伤害、损坏或其他损失,就不构成事故,也未成为事件。

(　　)3.导致能量或危险物质约束或限制措施破坏或失效的各种因素称作第一类危险源。

(　　)4.组织制定的职业健康安全管理方案应严格执行,不得更改。

(　　)5.组织被任命的职业健康安全的最高管理者,应是最高管理层中的一员。

(　　)6.职业健康安全管理体系文件应在保证活动的有效性和效率的前提下尽可能少。

(　　)7.工作场所的构成,包括组织人员在差旅或运输中(如驾驶、乘机、乘船或乘火车等)、在客户或顾客处所工作或在家工作的情况。

(　　)8.组织通过了 OHSMS 认证,表明该组织具有稳定满足产品安全要求的能力。

(　　)9.某高速旋转的砂轮碎片突然飞出,幸好未伤及操作者,我们可认为发生了一次"事件"。

(　　)10."三同时"制度是指在我国境内新建、改建、扩建的基本建设项目,在施工、投入生产和使用时必须同时符合国家职业健康设施的有关规定。

三、填空题

1.某建筑公司在每天上班的广播里,增添了一个"安全生产警示格言园地"的栏目,提示员工遵章守纪,珍惜生命,深受大家的喜爱。

上述情况适用于标准的条款＿＿＿＿＿＿。

2.操作工认为天气太热,一天不戴防护用具也没太大影响,就放在一旁。

上述情况适用于标准的条款＿＿＿＿＿＿。

3.某企业没有将人力资源部、财务部的职责在职业健康安全管理体系职责中予以明确。

上述情况适用于标准的条款＿＿＿＿＿＿。

4.某公司租赁开发区的厂房生产,涉及停、送电,接地保护安全由开发区控制。

上述情况适用于标准的条款＿＿＿＿＿＿。

5.某企业安全检查制度规定,班组安全员每班要实施安全检查,车间安全管理人员每天检查,安全处人员不定期巡检,企业每周综合大检查。

上述情况适用于标准的条款＿＿＿＿＿＿。

四、问答题

1.对 GB/T 28001—2011 4.3.1 条款现场审核时的常见客观事实与证据是什么?

2.选择风险控制措施时应考虑哪些原则?

3.根据《中华人民共和国安全生产法》的要求,生产经营单位的生产经营项目场所有多个承租、承包单位时,应如何进行安全生产管理?

4.如何理解 GB/T 28001—2011 4.4.3.2 条款中"应告知工作人员关于他们的参与安排,包括谁是他们的职业健康安全事务代表"?

5.审核某公司的空压机房,请编制对该空压机房的检查表。

五、案例题

请根据所述情况判断,如果能判断有不符合项,请指出不符合 GB/T 28001—2011 的条款号及内容,并写出不符合事实和严重程度。如果提供的证据不能足以判断有不符合项,请写出进一步审核的思路。

1.审核员在装备部陈部长的陪同下走进了空压机站,只见里面三台空压机全部运转,然后他们走到放在站外的压缩空气储气罐,审核员注意到储气罐已锈蚀,其中一只安全阀有锈斑。审核员问陈部长:对这些装置是否有维护制度或程序的规定? 陈部长回答:空压机和其他生产设备由装备部负责维护并制定了维护保养程序,这些辅助装置不需要专门的程序规定。

2.审核员走到二车间 5 吨桥式行车驾驶室,要求行车司机小王出示操作证,小王拿出了一张资格证。然后审核员叫小王慢速启动大车,审核员随手将驾驶室门打开,但门舱联锁装置不起作用,小王将紧停开关拉下,行车才停止。驾驶员小王说,前两天因病没有上班,车间主任调了小张顶了两天班,今天刚上班还没来得及检查。

3.在化学品仓库,审核员在货架上放置了数十瓶外文标识的化学品溶液,便问仓库张主任这些溶液是什么? 张主任回答:这是刚进口的用作稀释用的甲醛溶剂,审核员要求能否提供这些溶剂的安全技术说明书(MSDS)。张主任回答:我们并未索取。

4.抽查 C 公司 2001 年 3 月份进行工伤事故急救演习的记录,当时参加义务救护队的队员有张强、王钢等,但培训记录表明,张强、王钢参加急救知识培训的时间为 2001 年 8 月。公司《工伤事故急救程序》规定,义务救护队的队员应经过急救知识培训后,才能参与救护工作。

5.在审核一家制造家用器具工厂的调漆室时,发现出于安全方面的考虑,现场使用的电器设备都是防爆型的,审核员却看到现场放着一台一般办公室用的电扇。调漆室主管说,由于员工反映现场有机溶剂浓度和室内温度高,就把办公室用的电扇先拿来用,以降低有机溶剂浓度和室内温度。